ニュートン新書

あなたとAIが融[illegible]日

[illegible]サン・シュナイダー＝著
[illegible]虎＝監訳　永盛鷹司＝訳

エレナ，アレックス，そしてアリーに

目次

序文

２０４５年のある日、あなたはショッピングに出かける。まず寄るのは、「マインド・デザイン・センター」だ。店に入ると、大きなメニュー表が目の前にあり、小洒落た名前の脳の強化プログラムがずらりと並んでいる。「ハイブ・マインド」（集合精神）という脳の埋め込みチップは、最愛の人の最も内奥の思考を追体験できるものだ。「禅ガーデン」というマイクロチップを脳に入れれば、禅僧レベルの瞑想ができるようになる。「人間計算機」は、学者レベルの数学の能力を手に入れられる。選ぶとしたら、どれにするだろうか。集中力を強化する？　モーツァルト級の音楽の才能を手に入れる？　能力は一つだけ注文してもよいし、複数を組み合わせる方法もある。

その後、あなたはアンドロイド屋さんに行く。家のことをいろいろとやってくれる新しいアンドロイドを買うためだ。メニューにあるＡＩ向けの心のバリエーションは幅広い。人間にはない知覚能力を持つＡＩもあれば、インターネット全体に広がるデータベースと接続できるＡＩもある。あなたは自分の家族の用途に合ったオプションをじっくりと選ぶ。そう、この日はまさに、マインド・デザイン（心の設計）を決める日なのだ。

本書は、心の未来について考察する本である。私たちが私たち自身を、私たちの心を、私たちの本質をどのように理解するかによって、未来はよい方向にも悪い方向にも劇的に変化しうることを述べたものだ。私たちの脳は、特定の環境に応じて進化してお り、解剖学的な構造や進化のプロセスに強く縛られている。一方、人工知能（ＡＩ）は広大な設計領域を切り開き、新しい素材や動作方法、そして生物学的な進化よりも断然速く設計の可能性を探究する革新的な方法をもたらしてくれる。このわくわくする新たな企てを、「マインド・デザイン」と呼ぼう。マインド・デザインはインテリジェント・デザイン（進化論を拒絶し、宇宙や生命は知的実在によって創造されたと主張する理論）の一形態だが、創造を行うのは神ではなく、私たち人間である。

とはいえ、マインド・デザインの展望はあまり明るいわけではないと私は考えている。率直に言って、人類はそれほど進化していないからだ。カール・セーガン原作の映画『コンタクト』で、人類に初めて会った地球外生命体の言う通りである。「君らは興味深く、複雑な種だ。美しい夢を追うことも、破滅的な悪夢を描くこともできるのだから[1]」。人類は月面を歩き、原子のエネルギーを手懐けているが、人種差別や強欲や暴力はいまだあふれている。私たちの社会の発展は、優れた技術的能力に比べて遅れているのだ。

反対に、私が哲学者としての立場から「人間は心の本質をめぐって完全に混乱している」と言ったほうが、受け入れやすいかもしれない。だが、哲学の問題をあえて理解しないことにもコストはかかるものだ。それは本書の二つの主要なテーマを考えた際に実感できるだろう。

本書の一つ目の主要なテーマは、あなたにとって極めて馴染み深いものだ。生きている間ずっと存在するもの、つまり、あなたの意識である。あなたがこの文章を読んでいるとき、自分が自分であることを裏づける何かがあるのがわかるだろう。身体的な感覚がある、ページに印刷された文字を見ている、といったことだ。あなたの精神生活に備わっている、この感じられる質が意識である。意識がなければ、痛みも苦しみも喜びも、燃え上がる好奇心の衝動も、悲しみの苦悶もない。ポジティブな経験もネガティブな経験も、まったく存在しなくなってしまう。

あなたが休暇や森のハイキング、豪華な食事を待ち望むのは、意識をもつ存在だからこそである。意識はとても直接的で身近なものなので、あなたは当然、自らの経験から意識について根本的に理解している。意識があるということを内面からはどのように感じられるかを知るために、神経科学の教科書を読む必要はない。意識とは本来、ここで述べたような内なる感覚のことだ。この核心、つまりあなたの意識経験こそが、心をもつことの特徴ではないかと私は思う。

さて、ここで残念なお知らせがある。人工知能の哲学的影響を考えることを怠った場合、意識をもつ存在の繁栄が損なわれてしまうかもしれない、ということだ。これが本書の二つ目の主要なテーマとなる。注意しなければ、ＡＩ技術の「ゆがんだ実現」がいくつも起こってしまうかもしれないのだ。すなわち、ＡＩが生活を楽にすることはなく、代わりに私たち自身が苦しんだり、消滅したり、あるいはほかの意識をもつ存在を搾取したりするような状況である。

人類の繁栄に対するＡＩ由来の脅威については、すでに多くの人が論じている。その脅威とは、送電網をシャットダウンするハッカーから、映画『ターミネーター』から出てきたような超知能をもつ自律兵器までさまざまだ。対して、私が提起する問題はあまり注目されていない。けれども、決して重要でないというわけではない。私が懸念するゆがんだ実現とは概して、以下のいずれかの型に当てはまるものである。（１）意識をもつ機械の開発において生じる、見落とされがちな問題。（２）架空の「マインド・デザイン・センター」で行われるような、脳の抜本的な強化に関連した問題。それぞれについて、順に検討してみよう。

意識のある機械？

どのような目的にも使える高度なＡＩを開発したとしよう。さまざまな種類の知的作業を柔軟に横断でき、思考能力において人間に匹敵しうるＡＩである。それは本質的に、「意識のある」機械、すなわち自己と経験の主体をもった機械をつくることになるのだろうか？

機械の意識をどのようにつくるのか、そもそもつくれるのかどうかを問われても、それはまったくわからない。だが、一つだけ確かなことがある。ＡＩは経験をもちうるのかという問いは、私たちがＡＩの存在にどのような価値があるかを考えるための重要な手がかりとなるということだ。意識は私たちの倫理体系の哲学的基礎であり、誰か・何かが単なる自動機械ではなく、自己や人であるかどうかを判定する際には、重要な要素となる。もしＡＩが意識をもつ存在だとしたら、無理やり奉仕させることは奴隷制に近いと言えるだろう。もしアンドロイド屋さんの商品が意識をもっていて、生身の人間と同レベル、あるいは生身の人間よりも卓越した知的能力をもつものだったとしたら、本当に安心してその店を利用できるだろうか？

もし私がグーグルやメタ（旧フェイスブック）のＡＩ部門の責任者なら、将来のプロジェクトを検討するにあたって、意識をもつシステムを不用意に開発してしまうという倫理上の厄介事には巻き込まれたくないと思うだろう。開発したシステムに意識があると判明した場合、ＡＩを奴隷化しているなどと非難され、企業イメージが最悪になりかねないからだ。特定の分野でＡＩ技術の利用が禁止されてしまう可能性すらある。

こうしたさまざまな懸念から、ＡＩを開発する会社は「意識のエンジニアリング」に取り組むようになるだろう。「意識のエンジニアリング」とは、目的に応じて意識をもつＡＩを設計したり、場合によっては設計を避けたりすることだ。もちろんこれは、意識を設計によってシステムに組み込んだり、システムから除外したりできることを前提にしている。だからもしかすると、意識は知能をもつシステムを開発する際の避けられない副産物だったり、意識をつくることはまったく不可能だったりする可能性もある。

長期的には、形勢が逆転して、私たちのどのような行動がＡＩに害を与えるかではなく、ＡＩが私たちにどのように害を与えうるかが問題となるかもしれない。実際、地球上の知性の進化における次の段階は、人造の知能が担うと推測する人もいる。私たちが今どのように生き、どのように世界を経験しているかは、ＡＩに至るまでの中間地点であり、進化の梯子の一段でしかないというわけだ。たとえば、スティーヴン・ホーキング、ニック・ボストロム、イーロン・マスク、マックス・テグマーク、ビル・ゲイツといった多くの人が「コントロール問題」を提起している。ＡＩが人間を凌駕するようになった場合、人間は自身が生み出したＡＩをどのようにコントロールするのかという問題だ。[2] 人間と同レベルの知能をもったＡＩを開発したとしよう。するとそれは、自己を改善するアルゴリズムと高速の演算で、私たちよりもはるかに賢くなる方法をすぐに見つけ出し、あらゆる領域で私たちより優れた「超知能」になる。その知能は私たちを超えているがゆえに、たぶん私たちにはコントロールできない。原理的には、私たちを絶滅させることもありうる。それが、合成された存在が有機体の知性に取って代わる唯一の方法だからである。さもなければ、人間がだんだんと脳の重要な機能を拡張して、ＡＩと一体化するかだろう。

コントロール問題は、ニック・ボストロムの最近のベストセラー『スーパーインテリジェンス：超絶ＡＩと人類の命運』に刺激されて、世界中で話題になっている。[3] しかし見逃されているのは、ＡＩが「私たちに」どのような価値があるかを考えるにあたり、意識が中心的な要素になりうるという点だ。自身の主観的な経験に照らし合わせれば、超知能のＡＩは私たちを意識経験ができる存在だと認めてくれるだろう。結局のところ、私たちが人間以外の動物の生命に価値があると考えるのは、それらの意識に親近感を抱くからである。だから多くの人は、オレンジを食べることには躊躇しないが、チンパンジーを殺すことには躊躇するのだ。不可能だからにせよ、意図的に設計されていないからにせよ、超知能をもった機械に意識がなければ、私たちは困った事態に陥ることになる。

これらの問題をさらに大きな、宇宙全体の文脈に当てはめてみることも重要だ。NASAの2年間のプロジェクトに参加した際、私はほかの惑星でも似たような現象が起こっている可能性があると述べた。宇宙のどこかで、ほかの種が合成知能に頂点の座を奪われているかもしれないのだ。地球外の生命を探すにあたっては、最も偉大な知能が「ポスト生物学的」なもの、つまり生物がつくり上げた文明から進化したAIである可能性を心に留めておかなければならない。そのAIが意識をもちえないとしたら、それらが生物学的な知性に取って代わった暁には、宇宙から意識のある存在がいなくなってしまうことだろう。

私が主張するように、AIの意識が重要なものだとしたら、それがつくれるものなのか、そして私たち地球人はすでにつくったことがあるのかを、知っておいたほうがよい。この先の章では、私がプリンストン高等研究所で開発したテストをなぞりながら、人造の意識が存在するかどうか判断する方法を探ってみよう。

それでは次に、人間がＡＩと一体化するべきだという提案について見てみよう。もう一度、あなたがマインド・デザイン・センターにいると想像してもらいたい。選ぶとすれば、メニューにあるどの脳機能の強化にするだろうか？　マインド・デザインの決定が簡単な話ではないということが、もうおわかりいただけただろう。

ＡＩと一体化できるか？

脳をマイクロチップで拡張するという発想を極めて不気味だとあなたが感じたとしても、驚きはしない。私もそう思うからだ。この序文を書いている間にも、おそらくスマートフォンのアプリは私の位置情報を追跡し、声を聞き取り、ウェブ検索の内容を記録して、これらの情報を広告業者に売っている。自分ではそうした機能をオフにしているつもりだが、アプリを開発する企業はそのプロセスをとてもわかりにくくしているので、確証がもてないのだ。ＡＩ関連の企業が、現時点で私たちのプライバシーを尊重することさえできないというなら、あなたの最も内奥の思考がマイクロチップにエンコードされ、インターネット上のどこからかアクセス可能になった場合、それが悪用される可能性があると考えておかねばならない。

だが、ここでは仮に、ＡＩに関する規制が発達して、私たちの脳がハッカーや企業の強欲から守られるようになったとしよう。するとおそらく、周囲の人たちがそのテクノロジーによって恩恵を受けているとわかるにつれ、あなたも脳の強化に魅力を感じ始めることだろう。結局のところ、ＡＩとの一体化によって超知能と劇的な長寿がもたらされるのなら、脳と肉体の避けられない劣化に直面するよりも、ＡＩを選んだほうがよいのではないか？

人間はＡＩと一体化するべきであるという発想は最近、人間が労働力の面でＡＩに取って代わられないようにするための手段、および超知能と不死へ至るための方法として、大きな注目を浴びている。たとえば、イーロン・マスクは先頃、「生物学的知能と機械的知能のある種の融合」を果たせば、人間がＡＩによって時代遅れの存在にされる事態を避けられると述べている。[4] マスクはそのために、ニューラリンクという新しい会社を立ち上げた。同社の最初の目標の一つは、脳に挿入して直接コンピューターとつなぐ網目状の端末「ニューラル・レース」（神経の編み模様）を開発することだ。ニューラル・レースやＡＩを基盤としたその他の脳の機能強化により、脳からのデータを大規模な演算力をもつデジタル機器やクラウドにワイヤレスで転送できるようになるとされている。

とはいえ、マスクの動機は完全に利他的なものではないかもしれない。マスクはＡＩ強化製品群、つまりＡＩ分野そのものが生み出した問題を解決してくれそうな製品の開発を推進している。こうしたＡＩによる強化は結果として有益なものになるかもしれないが、本当にそうかを見極めるためには、誇大広告を越えた先に目を向ける必要がある。政策立案者も一般市民も、ＡＩ研究者さえも、何が問題なのかをもっとよく知る必要があるのだ。

たとえば、ＡＩが意識をもちえないのであれば、意識を担う脳の部位をマイクロチップに交換すると、意識のある存在としての人生は終わり、あなたは哲学者が「ゾンビ」と呼ぶ存在になる。意識をもたない、それまでの自分の模造品だ。それだけではない。仮に人をゾンビ化させずに、意識を担う脳の部位をマイクロチップに置き換えることができたとしても、徹底的な強化は依然として大きなリスクを伴う。多くの変更を経たのちに残る人間が、もはやあなたではなくなっている可能性もあるのだ。脳の機能を強化する人は、その過程で気づかないうちに人生を終えるのかもしれない。

私が見てきた限りでは、徹底的な機能強化を支持する人たちの多くは、強化された存在が自分ではなくなる可能性を認めたがらず、心をある種のソフトウェア・プログラムと見る捉え方に共感する傾向がある。彼らによれば、脳というハードウェアを徹底的に強化したとしても、同じプログラムを実行できるので、あなたの心はあなたのままで存在し続けるという。コンピューターのファイルがアップロードしたりダウンロードしたりできるように、プログラムである心も、クラウドにアップロードできるのだ。これがハイテクマニアが考える不死への道である。あなたが望むなら肉体が死んでも生き残る、心の新たな「来世」というわけだ。技術革新によってある種の不死になれるのは魅力的かもしれないが、このような心の捉え方には大きな欠陥があるということをこの後見ていこう。

これから何十年も先、マインド・デザイン・センターやアンドロイド屋さんに気軽に入れるようになったとしても、そこで購入したＡＩ技術が、哲学上の深い理由により、その役割を果たせない可能性がある。それを覚えておいてほしい。「買い手が注意せよ」ということだ。とはいえ、この点について掘り下げる前に説明しておくべきことがある。あなたは、ここで述べたような問題はすべて仮定の話にすぎないと思っているかもしれない。高度なＡＩが開発されるという前提が間違っている可能性があるからだ。ではなぜ、このようなことが起こると言えるのだろうか？

第1章

AIの時代

常日頃ＡＩについて考えることはないかもしれないが、実はＡＩはあなたの身の回りのいたるところに存在している。グーグル検索をするときにはＡＩが使用されるし、「ジェパディ！」（１９６４年からアメリカで放送されているクイズ番組）の史上最強のチャンピオン解答者や、囲碁の世界チャンピオンを破ったのもＡＩだ。そして、ＡＩは毎分進化し続けている。けれども、知的な会話を自らの力で行い、さまざまなトピックに関する考えを統合し、さらには人間より優れた考えを出すような何でもできるＡＩは、まだ存在しない。だからあなたは、そうしたＡＩは映画の『her／世界でひとつの彼女』や『エクス・マキナ』で描かれるもので、ＳＦの題材だと思っているかもしれない。

しかし私は、そこまでの道のりも遠くないのではないかと考えている。市場や防衛産業によってＡＩの開発が推し進められ、スマートな家事アシスタントや、強力なロボット兵士、および人間の脳の働きを模倣するスーパーコンピューターをつくるのに、何十億ドルという金額が投入されているからだ。実際、日本政府は労働力の減少を見込んで、アンドロイドに自国の高齢者のケアをさせる構想を打ち出している。

現在の急速な発展ペースを考えると、ＡＩは数十年以内にＡＧＩ（汎用人工知能）に進化するかもしれない。ＡＧＩとは、人間の知能と同じように、異なる分野のトピックからの知見を組み合わせたり、柔軟性や常識を示したりできる知能のことだ。事実、ＡＩは今後数十年で、多くの人間の職業を時代遅れにしてしまうだろうと予想されている。たとえば最も頻繁に引用される著名なＡＩ研究者たちは、最近のアンケート調査で、ＡＩが「少なくとも典型的な人間と同じレベルで、人間の仕事のほとんどを行うことができる」ようになるかどうかについて、２０５０年までに最大50％、２０７０年までに最大90％の確率でそうなるだろうと答えている。[1]

多くの評論家が、優秀なＡＩの台頭に警告を発していることはすでに述べてきた。常識的な推論や社会的スキルといったあらゆる領域において、最も優秀な人間よりも秀でた合成知能が生まれ、私たちを破滅に導く、と彼らは強く訴える。それとは反対に、グーグルの開発責任者の一人である未来学者のレイ・カーツワイルは、テクノロジーによって老化、病気、貧困、資源の不足がなくなるようなユートピアを思い描いている。彼はまた、映画『her』のプログラム「サマンサ」のような、擬人化されたＡＩシステムと友情を結ぶことの潜在的利点についても論じている。

シンギュラリティ

カーツワイルをはじめとするトランスヒューマニストは、私たちが急速に「テクノロジカル・シンギュラリティ」(技術的特異点)に近づいていると力説する。テクノロジカル・シンギュラリティとは、ＡＩが人間の知能をはるかに凌(しの)ぎ、これまで人間には解決できなかった問題を解決する力をつけ、文明と人間の性質に予測不可能な影響を及ぼすようになる段階のことだ。

シンギュラリティという発想自体は数学と物理学、特にブラックホールの概念に由来している。ブラックホールは、通常の物理法則が通用しない、時間的・空間的に「特異な」物体である。これになぞらえて、テクノロジカル・シンギュラリティにおいては、制御のきかないテクノロジーの成長と、大規模な文明の変化が起こると予想されている。人類が何千年にもわたって運用してきたルールが、突然崩れ去るのだ。何が起こるかはまったくわからない。

一夜にして世界を変える全面的なシンギュラリティを起こすほど、急速に技術革新が進むことはないかもしれない。しかし、だからといって、より大きな問題から目を背けてはいけない。今世紀、月日を重ねるにつれて、私たちは地球上で最も知的な存在ではなくなる可能性と真剣に向き合うことになる。いずれは合成知能が地球上で最も偉大な知性となるからだ。

実際、合成知能が私たちを凌ぐと言える理由は、すでにいくつも現れているように思われる。現時点でも、マイクロチップは脳のニューロンより高速な計算媒体だ。私がこの章を執筆している時点で世界最速のコンピューターは、テネシー州のオークリッジ国立研究所にあるスーパーコンピューター「サミット」である。サミットは「２００ペタフロップス」、つまり1秒間に20京回の計算ができる。地球上の全人類が毎秒1回の計算を毎日行って３０５日かかる計算を、サミットはまばたきの間に終えるということだ。[2]

もちろん、速度がすべてではない。演算を測定基準にしなければ、人間の脳はサミットよりもはるかに強力な計算能力をもつ。人間の脳は38億年（地球上に生命が生まれてからのおおよその年数）の進化の賜物であり、パターン認識、高速学習、その他の生存に関わる実用的な課題を解決するためにその能力を費やしてきた。たとえ個々のニューロンは遅くても、膨大な量の並列処理を行っているため、現代のＡＩシステムでも人間の脳には遠く及ばない。ところが、ＡＩにはほとんど無限とも言える改良の余地がある。そのため、脳の仕組みを解析してアルゴリズムを改良したり、脳の働きとはかけ離れた新しいアルゴリズムを編み出したりすることによって、人間の脳と同等か、それ以上の知能をもつスーパーコンピューターが設計される日も、そう遠くはないかもしれない。

それに加えて、ＡＩは一度に複数の場所にダウンロードできるし、バックアップや変更も容易である。星間の移動のような、生物学的な生命には厳しい状況下でも生き残ることができる。私たちの脳は強力ではあるが、頭蓋骨の容量と代謝によって能力を制限されている。一方、ＡＩはインターネット中にその領域を広げたり、銀河系規模の「コンプトロニウム」（プログラム可能な仮想の物質）を構築したりできるかもしれない。ある銀河のすべての物質を計算に動員する巨大なスーパーコンピューターができる可能性もあるということだ。長期的に見れば、人類はＡＩにまったく歯が立たない。ＡＩは人類よりもはるかに高い能力と耐久性をもつようになるだろう。

ジェットソンの誤謬

だからといって、一部の人が述べているように、必ずしも人類はＡＩを制御できなくなって絶滅する運命にあるというわけではない。私たちが自らの知能をＡＩ技術で強化すれば、ＡＩに遅れをとらずに済むのではないか。ＡＩは高性能のロボットやスーパーコンピューターを生み出すだけではないのだ。映画『スター・ウォーズ』やテレビアニメ『宇宙家族ジェットソン』では、人間は高度なＡＩに囲まれているが、人間自身は強化されないままだ。これを歴史家のマイケル・ベスは「ジェットソンの誤謬」と名づけた。[3]現実には、ＡＩは世界を変えるだけではなく、私たちのことも変えるだろう。ニューラル・レース、人工海馬、気分障害を治療するための脳チップなどは、すでに開発が進んでいる精神変容技術のうち、ほんの数例にすぎない。つまり、マインド・デザイン・センターの実現はそこまで突飛な話ではないどころか、現在の技術的発展の延長線上にあると言えるのだ。

　人間の脳はコンピューターのようにハッキングできるものだという考え方が、ますます広まっている。アメリカだけを見ても、精神疾患、運動障害、脳卒中、認知症、自閉症などの治療のために、脳へ埋め込む器具を開発する数多くのプロジェクトが進行している。[4] 今はまだ医療器具であっても、将来的には間違いなく機能強化に至るだろう。何しろ、人はもっと賢くなりたいとか、もっと有能になりたいとか、あるいは単に世界を楽しむための高い能力がほしいと思っているのだから。そのために、グーグル、ニューラリンク、カーネルといったＡＩ開発企業は、人間と機械を一体化させる方法を模索している。これから数十年のうちに、あなたもサイボーグになれるかもしれない。

トランスヒューマニズム

こうした研究は新しいが、その根底にある思想は、「トランスヒューマニズム」という哲学的・文化的ムーブメントとしてずっと前から存在していた。そのことを強調しておく価値はある。１９５７年に「トランスヒューマニズム」という言葉を提案したジュリアン・ハクスリーは、こう述べている。「（近い将来に）人類は、私たちと北京原人くらいの差が私たちとの間にある新しい存在が生まれる瞬間に立ち会うことになるだろう[5]」

トランスヒューマニズムでは、いまの人類は比較的初期の段階にあり、その進化自体がテクノロジーによってつくり変えられていくと考えられている。未来の人間は身体的にも精神的にも現在の姿とはかけ離れており、むしろサイエンス・フィクションの物語で描かれる登場人物たちに似ているだろう。彼らは劇的に進歩した知能をもち、不死に近く、ＡＩ生命体と深い友情を結び、身体の特性を自由に決められる。トランスヒューマニストたちの間では、その人自身の成長にとっても、人類という種全体の発展にとっっても、このような結果が非常に望ましいものだという信念が共有されている（さらに詳しく知りたい方のために、本書の巻末に付録として「トランスヒューマニスト宣言」を収録した）。

そのSFチックな雰囲気にもかかわらず、トランスヒューマニズムが描く技術開発の多くは、実現される可能性がかなり高そうだ。というのも、ある種の技術開発においては、そうした根本的な変化の初期段階に（普及していなくとも）すでに到達しているか、関連する分野の専門家の多くが実現に近づいていることを認めているからだ。[6] たとえば、主要なトランスヒューマニスト団体であるオックスフォード大学の人類の未来研究所は、機械に心をアップロードするための技術的要件をレポートにまとめて公表した。[7] アメリカ国防総省は、脳に似た形状と機能をもつコンピューターを開発しようとしている「シナプス」計画に資金を出している。[8] またレイ・カーツワイルは、映画『her』のように、擬人化したAIシステムと友情を結ぶ潜在的な利点についても論じている。[9] 研究者たちはさまざまなところで、サイエンス・フィクションをサイエンス・ファクトに変えようと励んでいるのだ。

私も自分のことをトランスヒューマニストだと考えていると言えば、読者は驚くかもしれない。だが、その通りなのだ。私が最初にトランスヒューマニズムを知ったのは、カリフォルニア大学バークレー校の学部生時代に、初期トランスヒューマニストのグループである「エクストロピアンズ」に加入したときだった。ボーイフレンドのＳＦコレクションを読み漁り、エクストロピアンのメーリングリストに目を通した私は、地球がテクノロジーのユートピアになるというトランスヒューマニストのビジョンに心を奪われた。いまでも私は、これから現れる技術が私たちの寿命を大幅に延ばし、資源の不足や病気を解消する力になり、そう望むなら精神生活を豊かにさえしてくれるという希望をもち続けている。

注意事項

問題は、大きな不確実性のなかで、ここで述べたような未来にどのようにしてたどり着くかということだ。今日までに書かれたいかなる本も、マインド・デザイン領域の輪郭を正確に予測することはできていないし、私たちの科学的知識と技術力が向上しても、根底にある哲学的な謎が減ることはないかもしれない。

ここで、未来は二つの重要な点から不透明であることを心に留めておいても損はないだろう。まず、「すでに知られている未知の事柄」がある。たとえば、量子コンピューターがいつ一般的に利用されるようになるのか、確実なことは言えない。ＡＩに基づいた特定の技術が規制されるのかどうか、規制されるとしたらどのような規制になるのか、あるいはＡＩに対する既存の安全対策に効果があるのかどうかもわからない。また、この本で検討する哲学的な問題に、単純で議論の余地のない答えがあるわけでもないだろう。これに加え、「まだ知られていない未知の事柄」もある。私たちが思いもしないような政治的な変化、技術革新、科学上のブレイクスルーといった未来の出来事だ。

次の章では、「すでに知られている未知の事柄」のうち、特に大きなものの一つである意識経験の謎に目を向ける。まずはこの謎が人間においてどのように生じるのかを確かめる。その後、私たちと知性の面で大きく隔たり、構成する素材すら異なるかもしれないような存在の内に、どのようにして意識を認めることができるのだろうか、という問いを検討してみよう。まずは、この問題の根深さを理解するところから始めるのがよいだろう。

第2章

ＡＩの意識の問題

意識のある存在とはどのようなものか、考えてみてほしい。それは、目覚めているときでも夢のなかにいるときでも、常に自分が自分であると感じているような存在である。好きな音楽を聴いたり、朝のコーヒーの香りをかいだりするとき、その人は意識的な経験をしているということだ。現状のＡＩに意識があると主張するのは言いすぎかもしれないが、将来的により高度化すれば、いずれはＡＩも自分が自分であると感じるようになるのだろうか？　人造の知能が感覚的な体験をしたり、好奇心の膨らみや悲しみのうずきといった感情を感じたり、私たちがするのとはまったく別種の経験をしたりするのだろうか？　この問いを「ＡＩ意識の問題」と名づけよう。未来のＡＩがどれほど見事なものになったとしても、機械が意識をもたないならば、それは卓越した知能を示す一方、内的な精神生活のないものになる。

生物学的な生命においては、知能と意識は密接に結びついているようだ。高度な生物学的知能は、複雑で微妙な内的経験をもつ傾向がある。では、この相関関係は非生物学的な知能にも当てはまるのだろうか？　多くの人は当てはまるのではないかと思っている。たとえば、レイ・カーツワイルのようなトランスヒューマニストは、人間の意識がマウスの意識よりも豊かであるように、強化されていない人間の意識は超知能ＡＩの内的経験に比べて劣るだろうと考えがちだ。[1] だが、のちに述べる通り、こうした推論は短絡的である。テレビドラマ『ウエストワールド』のドロレスや、映画『ブレードランナー』のレイチェルのように、機械の心に意識の閃き(ひらめ)を感じる特別なアンドロイドは生まれないかもしれない。ＡＩが知性の面で私たちを凌駕したとしても、自分が自分であると感じられるというとても大事な側面においては、まだ私たちのほうが卓越している可能性があるのだ。

人間の場合ですら、意識というものはとても込み入ったものである。それを確認するところから議論を始めよう。

ＡＩの意識と「意識のハード・プロブレム」

哲学者デイヴィッド・チャーマーズは、「意識のハード・プロブレム」（難しい問題）という問いを提起した。「脳内のすべての情報処理は、なぜ何らかの形で内面から認識される必要があるのか？」「意識経験はなぜ必要なのか？」という問いだ。チャーマーズが強調するように、これは純粋に科学的な答えが出せるものではなさそうだ。たとえば、脳内で行われる視覚処理について、その詳細をすべて理解できるような完璧な視覚理論が構築されたとしても、視覚系のあらゆる情報処理に主観的な経験が結びついている理由を理解することはできないだろう。チャーマーズはこのハード・プロブレムを「イージー・プロブレム」（やさしい問題）と対比する。イージー・プロブレムとは、意識に関する問題のなかでも、人間の注意機構の背後にどのようなメカニズムがあるのか、どのように刺激をカテゴライズし、それに反応するのかといった、最終的に科学的な答えが得られる類のものだ。[2] もちろん、このような科学的な問題も、それ自体は難問である。チャーマーズは、科学的な答えが出せない意識の「ハード・プロブレム」に対比して、それらを「イージー・プロブレム」と呼んでいるにすぎない。

私たちはここで、意識に関するもう一つの厄介な問題に直面する。言うなれば、機械の意識に関する「ハード・プロブレム」だ。それはＡＩの意識に関する問題、すなわち「ＡＩで行われる処理は、何らかの形で内面から感じられるものなのだろうか？」という問いである。

高度なＡＩは、最も頭のよい人間でさえも解けない問題を解けるかもしれない。しかし、ＡＩがその情報処理に質を感じることはあるのだろうか？

ＡＩの意識の問題は、単にチャーマーズのハード・プロブレムをＡＩに適用したものではない。実際、この二つの間には決定的な違いがある。チャーマーズの意識のハード・プロブレムは、私たちが意識をもつ存在であることを前提としている。結局のところ、私たちはみんな、内省すれば自分に意識があることはわかるというわけだ。ここでは、「なぜ」私たちには意識があるのかが問題となっている。脳の情報処理の一部が、何らかの形で内省的に感じ取れるようになっているのはなぜなのか、ということだ。それに対して、ＡＩの意識の問題で問われているのは、脳とは異なるシリコンなどの素材でつくられたＡＩでも、意識をもちうるのかについてだ。ＡＩに意識があるという前提はなく、意識があるのかどうかを問うている。よって両者は異なる問題だと言えるが、共通している部分もある。どちらも、科学だけではおそらく答えが出ないだろうという点だ。[3]

ＡＩの意識をめぐる議論では、二つの対立する立場が主流になりがちである。一つ目は、最も洗練されたＡＩであっても内的経験はもたないだろうと主張する「生物学的自然主義」の立場である。意識をもつ能力は生物特有のもので、高度なアンドロイドや超知能であっても意識をもつことはないだろうというわけだ。もう一つの有力な立場は、生物学的自然主義を拒絶した見方である。私は単に「ＡＩの意識に関するテクノロジー楽観主義」とか、さらに短くして「テクノロジー楽観主義」と呼んでいる。テクノロジー楽観主義者は、認知科学の分野で行われている実証的な研究に基づき、意識とは完全に計算的なもので、高度な計算システムは経験をもつようになるだろうと主張する。

生物学的自然主義

仮に生物学的自然主義者が正しいとしたら、前述の映画『her』のサマンサのようなＡＩと人間との恋愛や友情は、どうしても一方的なものになるだろう。そのＡＩは人間より賢く、サマンサのように思いやりや恋愛感情を示すことすらできるかもしれないが、あなたのノートパソコン以上に世界を経験しているわけではない。また、クラウド上でサマンサの仲間入りをしたいと思う人間はほとんどいないだろう。脳をコンピューターにアップロードしてしまうと、自分の意識を放棄することになるからだ。この技術が見事なものであれば、あなたの記憶はクラウド上に正確にコピーされるかもしれないが、そこに流れるデータはあなたではない。精神生活がないのだから。

生物学的自然主義者は、意識とは生物学的システムにおける特殊な化学現象であると論じている。つまり、私たちの身体には備わっているが機械にはない、何らかの特殊な性質・特徴があるということだ。ところがそのような性質はこれまで発見されたことがないし、もし発見されたとしても、AIが絶対に意識をもたないという証拠にはならない。単にそれとは別の性質が、機械に意識を生じさせるかもしれないからだ。第4章で説明するように、AIに意識があるかどうかは、ある特定の素材の化学的性質を超えて、AIの振る舞いに手がかりを求めなければならない。

より緻密で退けがたい論法もある。哲学者ジョン・サールが考えた「中国語の部屋」という有名な思考実験に由来するものだ。サールはまず、自分が部屋に閉じ込められていると仮定する。部屋の内部には穴があり、そこから中国語が書かれたカードが手渡される。サールは中国語ができないが、部屋に入る前に（英文の）マニュアルを受け取っている。それで中国語の文字列を調べると、応答となる中国語の文字列がわかるようになっているのだ。部屋の中にいるサールは、中国語が書かれた紙切れを受け取ったのち、マニュアルを確認してカードに中国語の文字列を書き、別の穴から外に出す、という作業をする。[5]

これがＡＩと何の関係があるのだろうか？　注目してほしいのは、部屋の外にいる人には、サールの応答と中国語話者の応答を見分けることができない点である。にもかかわらず、サールは自分が何を書いているのか理解していない。コンピューターのように、形式的な記号を操作して入力に対する答えを出しているだけだ。部屋、サール、カードといった要素が合わさって、一種の情報処理システムを形成してはいるが、サールは中国語を一言も理解していないのだ。では、言語を解さない、まぬけな諸要素によるデータ処理が、理解や経験といったすばらしいものを生み出すことがあるのだろうか？　サールによれば、コンピューターがいくら優秀に見えたとしても、本当に考えた

中国語の部屋のなかにいるサール。

り理解したりしていないことが、この思考実験からわかるという。コンピューターは単純な記号処理に従事しているだけ、という見方だ。

厳密に言えば、この思考実験は機械の理解力に異を唱えるもので、機械の意識に異を唱えているわけではない。しかし、あまりはっきりとは述べていないが、サールはさらに踏み込んで、もしコンピューターに理解力がないならば、意識をもつことはないとする。議論を進めるために、サールが言う通り、理解と意識には密接な関わりがあると仮定しよう。どちらにせよ、何かを理解するとき、私たちには意識があると言ってもよいだろう。理解しているときは、理解しているその何かを意識しているだけではなく、完全な覚醒状態にあるのだから。
では、中国語の部屋は意識をもちえないというサールの考えは正しいのだろうか？　サールを批判する人の多くは、この議論のうち、ある重要な一点に注目している。部屋のなかで記号を処理している人物が、中国語を理解していないことだ。批判者にとって重要なのは、その人物が中国語を理解しているかどうかではなく、人物のほか、カード、マニュアル、部屋なども含めた「システム全体」が中国語を理解しているかどうかなのである。システム全体は本当に理解していて意識もあるとするこの見解は、「システムに訴える反論」として知られている。[6]
システムに訴える反論は、ある意味では正しいが、ある意味では間違っていると私は思う。機械の意識について考える際、実際に問題とするべきは全体が意識をもつかどうかであって、部分が意識をもつかどうかではない、という点は正しい。熱い緑茶が入った湯のみを思い浮かべてみよう。お茶の分子一つひとつが透き通っているわけではないが、お茶は透明である。透明性は、ある種の複合的なシステムの特徴なのだ。同じように、ニューロン単体や脳の一部分が、それだけで自己や人が備える複合的な意識を実現しているわけではない。意識は高度に複合的なシステムの特徴であり、部屋のなかにいるサールのような、システムを内部から動かす小さな存在がもつものではないのだ。[7]
サールの論法は、彼自身が中国語を理解しないから、システムも中国語を理解しないというものだった。言い換えるなら、「部分」が意識をもたないがゆえに全体も意識をもたないということだ。だが、この推論には欠陥がある。私たちはすでに、部分だけでは物事を理解しないが、システム全体としては理解している意識の一例を備えている。人間の脳である。脳のニューロンの８割は小脳にあるが、意識に小脳が必要なわけではないことがすでに明らかになっている。生まれつき小脳がなくても意識がある人はいるからだ。そして、小脳であるとはこういったことだ、というようなものがないことは間違いない。
とはいえ、システムに訴える反論は、ある一点において間違っているように思われる。中国語の部屋を意識をもつシステムとみなしているが、この部屋のような単純なシステムが意識をもつとは考えにくいのだ。意識をもつシステムとは、はるかに複雑なものだからである。たとえば人間の脳は、１０００億のニューロンと１００兆を超える神経やシナプスのつながりで構成されている（ちなみにこの数字は、銀河系の星の数の1000倍である）。人間の脳のとてつもない複雑さに比べれば、あるいはマウスの脳の複雑さと比べても、中国語の部屋は組み立て式のおもちゃレベルだ。意識がシステムに備わる性質だとしても、すべてのシステムに意識があるわけではないということだ。そうは言っても、やはりサールの議論のロジックには根本的な欠陥がある。彼は、高度なAIが意識をもたないことを証明してはいないからだ。

要するに、中国語の部屋は、生物学的自然主義の証拠にはならない。生物学的自然主義を「支える」有力な論拠はまだないわけだが、生物学的自然主義を「退ける」決定的な反論もないのだ。第3章で説明するように、人工的な意識が可能かどうかを判断するのは時期尚早である。だが、この問題を論じる前に、コインの裏面についても考えてみよう。

ＡＩの意識に関するテクノロジー楽観主義

端的に言えば、「（ＡＩの意識に関する）テクノロジー楽観主義」とは、高度に洗練された汎用ＡＩが開発されれば、それは意識をもつだろうと考える立場である。実際、そのようなＡＩは、人間よりも豊かで繊細な精神生活を経験することだろう。[8] 昨今、テクノロジー楽観主義は、トランスヒューマニストや一部のＡＩの専門家、科学メディアの間で特に人気を博している。だが、テクノロジー楽観主義も、生物学的自然主義と同じく、現状では理論的に十分支持されているとは言えないのではないだろうか。認知科学における心の捉え方が基盤となっているように見えるかもしれないが、実際はそうではないからだ。

テクノロジー楽観主義は、脳を研究する学際的な分野である認知科学の影響を受けている。そのため、認知科学による脳の解明が進めば進むほど、脳は一つの情報処理機関で、あらゆる心的機能は計算であるとするのが、最良の実証的なアプローチのように思えてくるのだ。いまや計算主義は、認知科学における研究パラダイムのようになっている。とはいえ、脳が標準的なコンピューターと同じようなアーキテクチャをしているわけではない。また、脳の詳細な計算方式に関する議論も、いまだ継続中である。だが今日、計算主義は、脳とその各部位の働きをアルゴリズムで記述するという、より広い意義をもつようになっている。特に、注意や作業記憶といった認知や知覚に関わる能力は、因果的に相互作用する部位に分割して説明できるし、それらの各部位は部位自体のアルゴリズムで記述できるのだ。[9]

計算主義者は、心的機能を形式的にアルゴリズムで説明することに重点を置くため、機械の意識という考えに馴染みやすい。彼らは、別種の素材でも脳と同じような計算を実現できるのではないかと考えている。つまり、思考は「素材から独立」していると考えがちなのである。

この言葉の意味するところを説明しよう。あなたは大晦日のパーティーを計画しているとする。パーティーの詳細を招待者に伝えるには、直接言う、メールを送る、電話をかけるなど、さまざまな方法がある。ここで、パーティーの情報を伝える素材と、実際に伝えるパーティーの時間と場所の情報は区別できる。同じように、おそらく意識にも複数の素材がありうる。少なくとも原理的には、意識は生物学的な脳だけでなく、シリコンのようなほかの素材からできたシステムでも実現できる。これを「素材から独立」した状態という。

この観点から、「意識の計算主義」(Computationalism about Consciousness：ＣＡＣ)と私が呼んでいる立場が成り立つ。その主張は以下の通りである。

意識は計算で説明することができる。また、システムの計算上の詳細が、そのシステムがもつ意識経験の種類や、そもそも意識経験をもつか否かを決定する。

バンドウイルカが、餌となる魚を探して水中を泳いでいる場面を思い浮かべてみてほしい。計算主義者によると、そのイルカ内部の計算上の状態が、水面から体が出る感覚や獲物の魚の味など、イルカの意識経験が本来もつ性質を規定している。ＣＡＣの立場からすれば、仮に(ＡＩ脳を搭載した)第2のシステムの計算上の構成や状態が、感覚系への入力も含めてまったく同じなら、それはイルカと同じように意識をもっていることなる。これを実現させるためには、ＡＩはまったく同じ状況下において、イルカの脳とまったく同じ振る舞いを産出しなくてはならない。さらに、イルカが水中を泳ぐ際の感覚経験も含め、内部で関連し合っている心理状態もすべて同じである必要がある。

このように、ある意識システムの組織を正確に模倣するシステムのことを「正確な同形体」（あるいは単に「同形体」）と呼ぼう。[10] あるＡＩが先ほどのイルカのすべての特徴を備えているのなら、ＣＡＣからすれば、それは意識をもつと言える。そのＡＩは実際、もとのシステムとまったく同じ意識状態をもつことになるだろう。

大変けっこうなことだ。だがこれでは、テクノロジー楽観主義を正当化できない。現実につくられる可能性が極めて高いＡＩが意識をもつかどうかについては、ＣＡＣは驚くほど何も語っていないのだ。ＣＡＣに言えるのは、もし生物学的脳の同形体をつくることができたなら、それは意識をもつだろうということだけだ。生物学的脳の同形体ではないシステムについては、沈黙を保っている。

要するに、ＣＡＣは機械の意識を原則として認めている。「仮に」正確な同形体をつくれたなら、それは意識をもつだろうと。だが、原理的には可能な技術であっても、実現するとは限らない。たとえば、ワームホールを通ってワープする宇宙船は、（現在も議論が続いているとはいえ）概念的には可能であり、矛盾がないように思われる。それでも、実際につくるとなると、おそらく物理法則に反するだろう。また、ワームホールを安定させるのに必要な未知のエネルギーを十分に生産する方法が見つからないかもしれないし、たとえ自然法則に矛盾しないとしても、実現するための高度な技術レベルに地球人が到達できない可能性だってある。

哲学者は、機械の意識に関する論理的ないしは概念的な可能性を、ほかの種類の可能性と区別する。法則的な（あるいは「法則論的な」）可能性では、何かが可能であるためには、その何かをつくっても自然法則に矛盾しないことが要求される。法則的に可能なもののなかから「技術的に可能」なものだけを選び出すことは、さらに有益である。つまり、あるものが法則的に可能かどうかに加えて、その人工物をつくることが技術的に可能かどうかを見るのだ。ＡＩの意識について、より広範で概念的な可能性を議論することも、確かに重要である。しかし、私が強調してきたように、人間がいずれつくるかもしれないＡＩが、意識をもちうるのかどうかを判断することにこそ、実際的な意義がある。だから、私が特に関心をもつのは、機械の意識の技術的可能性であり、さらにはAIのプロジェクトが機械の意識をつくろうとするのかどうかなのである。

法則的に可能で、かつ技術的にも可能なものについて検討するために、同形体に関する有名な思考実験をしてみよう。読者であるあなたが被験者だ。あなたの心的機能はすべてそのまま残るものの、より耐久性のある別の素材に移すため、やはり強化されることになる。では始めよう。

脳の若返り手術

2060年。あなたはまだしっかりしているが、先のことを考えて脳の若返り治療を受けることにした。友人に薦められたマインド・スカルプト社は、1時間かけて少しずつ脳の各部位をマイクロチップに置き換えていく手術を行っている。最終的には完全に人工の脳に置き換わるというわけだ。あなたは手術前の面談を受けるため、待合室で座りながら緊張している。何しろ、自分の脳をマイクロチップに置き換えるなんて、そうそうあることではない。順番が来ると、あなたは医者にこう尋ねる。「それって本当に私なのでしょうか？」

医者はさも自信ありげに、あなたの意識とは、あなたの脳の「精密な機能組織」に起因するものだと説明する。つまり、脳の各部位の因果的な相互作用がつくり出す抽象的なパターンから生じているということだ。医者はさらに、新開発の脳イメージング技術によって、あなた個人の「マインド・マップ」（心の地図）を作成できるようになったと述べる。あなたの心が因果的にはどのように働いているかを図示したものだ。そこには、感情、行動、知覚などに変化をもたらすあらゆる可能性について、あなたの心的状態が互いにどのように因果的な影響を及ぼし合っているかが完璧に描き出されている。医者は、この技術の精密さに自分も驚嘆しているといった口調で説明を続け、最後に腕時計をちらっと見て話をまとめる。「つまり、脳がマイクロチップに置き換わっても、マインド・マップは変わらないのです」

説明を聞いて安心したあなたは、手術を予約する。手術中は眠らずに質問に答えるようにと言ったあと、医者はニューロンの束を取り除き、シリコン・ベースの人工ニューロンと交換し始める。まずは聴覚皮質からだ。何束ものニューロンを交換しながら、医者は定期的に、声の聞こえ方に変わったところはないかと尋ねる。変わらないとあなたが答えると、医者は視覚皮質の交換に移る。見え方にも変わったところはなさそうだとあなたが伝えると、医者は次に進む。

いつの間にか、手術は終わっている。「おめでとうございます！」と医者は言う。「あなたはいま、特別なＡＩになりました。もとの生物学的な脳をコピーした人工の脳をもつＡＩになったのです。医学的には『同形体』と言います[11]」

これは一体どういうことか？

哲学的な思考実験の目的は、想像力を刺激することにある。ストーリーの結末に賛成するか、反対するかはあなたの自由だ。この話のなかでは、手術は成功したことになっている。しかし、本当にあなたは手術前の自分と同じように感じるのだろうか？　それとも、どこか違うと感じるのだろうか？

あなたは最初、手術後の人物は本当に自分なのだろうか、ある種の複製ではないのかと思うかもしれない。これは重要な問いであり、第５章の主要なテーマでもある。だがいまは、手術後の人物も依然としてあなたであると仮定して、意識の質が変化したと思えるかどうかに焦点を当てよう。

哲学者のデイヴィッド・チャーマーズは『意識する心：脳と精神の根本理論を求めて』のなかで、これと似た例を論じている。彼は、ほかの仮説がどれも単純にありえそうにないという理由で、あなたの経験のあり方は変わらないと力説する。[12] ほかの仮説としてはたとえば、音楽プレーヤーの音量を下げたときのように、ニューロンが交換されるにつれてあなたの意識も次第に小さくなっていく、というものがある。再生している楽曲がある時点で聞こえなくなるのと同じように、あなたの意識はフェードアウトするわけだ。また別の仮説では、あなたの意識は変わらず続くが、ある時点で突然消えるとされる。どちらの場合も、意識が消えるという結果は同じである。

どちらの仮説もありえないだろうとチャーマーズも私も考えている。この思考実験が前提としている通り、人工ニューロンが本当に精密な機能的複製であるならば、意識の質が低下したり急激に変わったりするとは考えにくい。定義上、機能的複製である人工ニューロンは、あなたの精神生活に変化をもたらすような、ニューロンのあらゆる因果的特性を備えているからだ。[13]

そのため、こうした手術が行われた暁に誕生するものは、意識をもったＡＩということになりそうだ。この思考実験は、少なくとも概念的には人造の意識が可能であるという主張を裏づけるものである。だが第1章で述べたように、この種の思考実験の概念的な可能性は、人類が高度なＡＩをつくった際に、それが意識をもつことを保証するわけではない。

思考実験で描かれたような状況が、本当に起こりうるのかどうかを問うことが重要なのだ。同形体をつくることは、自然法則に矛盾しないのだろうか？　矛盾しないとして、それをつくるだけの技術力を人類がもてるだろうか？　そもそも、人類はそれを実現したいと思うだろうか？

この思考実験が法則的に可能なのかどうかについて言うならば、人間が精神生活で感じる質を再現できる別の物質は、現状では見つかっていない。だが医者たちが、意識経験を支える脳の部位に、ＡＩを用いた医療用埋め込み装置を使い始めたら、そう遠くないうちに見つかるかもしれない。

法則的に不可能なのではないかと心配される理由の一つは、意識経験が脳の量子力学的特性に依存しているかもしれないことにある。もしそうなら、真の量子的複製をつくるために必要な脳の情報を、科学は永遠に得られないかもしれない。粒子の測定に伴う量子的な制約のせいで、真の同形体をつくるために必要な脳の特性を正確に知ることができない恐れがあるからだ。

しかし、ここでは議論を進めるために、同形体をつくることは概念的にも法則的にも可能だとしよう。その場合、人間は同形体をつくるだろうか？　私はそうは思わない。生物学的な人間を完全な人造の同形体になるまで強化することによって、意識をもつＡＩを作り出すためには、人工神経を開発するよりも、はるかに大きな技術的発展を必要とするからだ。同形体を開発するには、脳のすべての部位を人工物で置き換えられるような段階まで、科学が進歩しなければならない。

今後数十年の間に医学は進歩するだろうが、ニューロンの束の計算機能を正確に複製した脳の埋め込み装置は出てこないだろう。先ほどの思考実験では、脳のすべての部位が完全な複製によって置き換えられていたが、そうした技術が開発される頃には、以前の自分の同形体になるよりも、手術で機能を強化することが好まれるようになっているかもしれない。[14]

仮に人々が自制し、能力の強化ではなく、複製を目指したとして、神経科学者はそれをどのように行うのだろうか？ 脳の働きに関する完璧な説明が必要になるだろう。すでに見たように、複製のプログラマーは、システムの情報処理を特徴づけるすべての抽象的・因果的特性を突き止める必要がある一方、計算に関係のない低レベルの特性は参照しない。とはいえ、どの特性が関係し、どの特性が関係しないのかを判断するのは容易ではない。脳内ホルモンはどうか？ グリア細胞は？ たとえこの種の情報が得られたとしても、脳を細部まで精密に模倣したプログラムを動かすには、途方もない計算リソースが求められるはずだ。そのようなリソースは、あと数十年は手に入らないだろう。

商業的な観点からすれば、より高度なＡＩをつくるためには同形体を生み出さなければばならないという結論になるだろうか？　それも疑わしい。ある種の作業を機械にやらせるための、最も効率的かつ経済的な方法が、脳を正確にリバース・エンジニアリングすることだとは考えにくいからだ。現時点で存在するＡＩで考えてみよう。たとえば、囲碁やチェス、「ジェパディ！」のチャンピオンだ。いずれの競技でも、ＡＩは人間の用いるものとは似ても似つかないテクニックを使って人間を凌駕している。

なぜ同形体の実現可能性から議論を始めたのかを思い出してもらいたい。機械が意識をもちうるかどうかを示すはずだったためだ。ところが、近い将来、人類が実際に開発する機械が意識をもつのかどうかを考えるにあたっては、同形体は邪魔になる。ＡＩは、同形体が実現可能になるずっと前に、高度なレベルに到達するだろう。特に、私が提起してきたＡＩの倫理と安全性への懸念を考えると、私たちは同形体に関する問いより、機械の意識に関する問いに早く答えを出さなければならないのだ。

要するに、テクノロジー楽観主義者たちが人造の意識について抱いている楽観的な見方は、欠陥のある推論に基づいているということだ。彼らは、脳に意識があることは自明で、その同形体をつくることができるから、機械も意識をもつようになるだろうと楽観視している。ところが実際には、それができるかどうかはわからないし、それをする気になるのかどうかもわからない。この問いに対する答えは実証的に出されるべきもので、実際に実現する見込みはほとんどない。そしてその答えは、私たちが本当に知りたいこととも関係がない。私たちが知りたいのは、脳の同形体をつくろうという繊細な努力によって生まれるＡＩではなく、その他のＡＩシステムが意識をもちうるのかどうかなのだ。

強力な自律システムは意識をもちうるのか、それとも進化するにつれて意識をもつようになるのかを判断する局面は、すでに到来している。システムのアーキテクチャの詳細次第で、意識は機械の倫理的行動に対して異なる影響を与える可能性があることを思い出してもらいたい。あるタイプのＡＩシステムは、意識によってより気まぐれになるだろう。別のシステムは、より情け深くなるかもしれない。同じシステムにおいても、意識はＩＱ、共感性、目標内容の整合性など、そのシステムの主要な特徴にさまざまな影響を与える可能性がある。現在進行中の研究においても、こうした事態それぞれについて論じることが重要となる。たとえば、機械の意識を早期に検査して状態を認識することで、倫理観をもった機械の「育成」を目指す人間が教育を行い、機械が倫理規範を学習するような「人工賢慮」の生産環境が生まれるかもしれない。重要なＡＩに対しては、意識の兆候がないかどうか、制御された環境に封じ込めて検査する必要がある。意識が存在するならば、その特定の機械のアーキテクチャに意識がどのような影響を与えているかを調査しなければならない。

精密な神経の置き換えという組み立て式のおもちゃのような思考実験もおもしろいのだが、これらの切迫した問題の答えを得るためには、さらに一歩踏み出さなければならない。こうした思考実験も、意識をもつＡＩが概念的に可能かどうかを考える際には重要となるが、すでに述べたように、意識をもつＡＩが実際につくられるかどうか、そしてそのようなシステムは本来どのような性質をもつのかについては、ほとんど教えてくれない。

これを次の章で検討しよう。第３章では、ありきたりの哲学的議論から離れ、自然法則と今後の人類の技術的能力の両方を考慮したうえで、意識をもつＡＩをつくるのが可能なのかどうかを別の角度から見ていく。テクノロジー楽観主義者は意識をもつＡＩは可能だと考え、生物学的自然主義者はそれを真っ向から否定する。しかし私は、そうしたことよりも状況ははるかに複雑なのだと主張したい。

第3章

意識のエンジニアリング

宇宙にあるすべての物質とエネルギーに知能を行き渡らせたなら、宇宙は「目覚め」、意識をもち、そして崇高な知性となるだろう。それは私が想像しうる神に、限りなく近いものだ。

——レイ・カーツワイル

機械の意識が存在するとして、それは私たちが共感を覚えるR2D2のようなロボットのなかにではなく、マサチューセッツ工科大学コンピューターサイエンス学科の建物の地下にある、無機質なサーバー群のなかに備わるものかもしれない。あるいは最高機密の軍事計画のなかで生まれ、危険すぎるとか、無能すぎるという理由で消されてしまうかもしれない。AIが意識をもつかどうかは、今後発明されるマイクロチップが適切な構成をもつかどうか、AI開発者や大衆が意識をもつAIを望むかどうかなど、現時点の私たちには推し量れない現象に左右される可能性が高い。それは、アンソニー・ホプキンスがテレビドラマ『ウエストワールド』で演じたように、一人のAI開発者の気まぐれという予測不可能な要素によって決まるかもしれない。こうした不確実性から、私はテクノロジー楽観主義とも生物学的自然主義ともつかない中道的な立場をとっている。簡単に言えば「様子見」だ。

私は、生物学的自然主義では人気のある論拠となっている中国語の部屋が、機械が意識をもつ可能性を排除することに失敗していると述べた。その一方で、テクノロジー楽観主義が、脳が本来もつ計算機的な性質を過大評価して、ＡＩはいずれ意識をもつと性急に結論しているとも主張した。ここからは、「様子見」の手法について、詳しく見てみることにしよう。ＡＩの意識が自然法則と両立するかどうか、両立するとして技術的に実現可能かどうか、またそれをつくりたいと人々が思うかどうか。そうした現実的な考察をするのが私の望むところである。そのため、ＡＩ研究や認知科学における具体的なシナリオに基づいて議論を進めたいと思う。「様子見」の手法は単純だ。まず、地球上で意識をもつ機械が開発されるかどうかについて、肯定派と否定派の考え方を示したシナリオをいくつか挙げる。両者の意見からわかるのは、意識をもつ機械が存在するとしても、それは特定のアーキテクチャのもとに生じ、別のアーキテクチャのもとには生まれないということだ。また、それを生み出すには「意識のエンジニアリング」という、熟慮しながら設計する努力が必要なこともわかる。これを机上の空論で終わらせないためには、機械に意識があるかどうかをテストする必要がある。よって、第4章ではテストの方法を提案する。

一つ目のシナリオは、超知能ＡＩに関するものだ。繰り返しになるが、その名の通り、あらゆる領域で人間を凌駕する能力をもつ仮想のＡＩである。トランスヒューマニストやその他のテクノロジー楽観主義者は、超知能ＡＩが人間よりも豊かな精神生活を送ると想定していることが多い。一つ目のシナリオでは、この仮定に異議を唱え、超知能ＡＩだけでなく、その他の高度な汎用知能ですら、意識を時代遅れにしてしまう可能性を提起する。

意識が時代遅れになる

初めて自動車の運転を習ったとき、どれほど意識して注意を払ったかを思い出してほしい。道の形状、計器の位置、ペダルへの足の置き方など、あらゆる細かい点に気を配る必要があったはずだ。ところが、ベテランのドライバーになると、慣れた道なら細かい操作にあまり注意を向けずに運転するようになる。それでもしっかり運転しているのだ。幼児が歩行を学ぶときと同じく、運転にも最初は強い集中力が必要だが、次第にありふれた作業になっていく。

実のところ、私たちが常に意識しているのは、心的なプロセスのごく一部だ。認知科学者も認めるように、私たちの思考の大部分は無意識の計算である。運転の例からはっきりわかる通り、意識は注意やじっくりと集中することを要する新しい学習課題と相関している一方、慣れた作業は、意識的に計算をせずとも、無意識の情報処理だけで遂行できるのである。

もちろん、細かい部分にまで気を配って運転しようと本気で思えば、そうすることも可能である。だが脳には、どれほど意識しようとしても内省できない高度な計算機能がある。たとえば、二次元の画像が三次元空間内の配置へと変換されるプロセスを内省することはできない。

私たち人間は、特別な注意力が求められる作業を行うために意識を必要とするが、進化したＡＩのアーキテクチャは、私たちとまるで正反対かもしれない。おそらく、そうした計算を意識的に行う必要はないだろう。特に超知能ＡＩは、名前の通り、すべての領域において専門家レベルの知識を有するシステムだ。それが行う計算は、インターネット全体、究極的には宇宙全体を包含する広大なデータベースに及ぶ可能性がある。そのシステムにとって、目新しいこととは何だろうか？　どのような作業であればじっくりと集中する必要があるのだろう？　すでにすべてをマスターしているのではないだろうか？　おそらく、慣れた道を運転するベテランドライバーのように、無意識の処理ができるはずだ。超知能ではない自己改良型ＡＩですら、習熟度に磨きがかかるにつれ、もっぱら定型作業に頼るようになるかもしれない。やがてシステムがより高い知能をもつようになり、意識が完全に時代遅れになる可能性もある。

単純に能率だけを考えると、残念なことだが、未来の最も知的なシステムは意識をもたないかもしれない。実は、この厳しい見解は、地球から遠く離れたところにまで影響を与える可能性がある。というのも、第7章では、宇宙全体にほかの技術文明が存在するとして、その地球外生命体が自ら人造の知能となる可能性について論じているからだ。宇宙規模で見れば、意識とは、宇宙が心のない状態に戻る前に訪れた一瞬の体験にすぎないのかもしれない。

　ＡＩが高度化するにつれ、意識をもたないアーキテクチャが優勢となり、意識を時代遅れにしてしまうことは避けられない、と言いたいわけではない。あくまで、私の立場は「様子見」だ。しかし、高度な知能が意識を時代遅れにするという可能性は示唆に富む。生物学的自然主義も、テクノロジー楽観主義も、そのような結末を受け入れることはできないだろうが。

　次のシナリオでは、マインド・デザインを別の、もっと皮肉な方向へ発展させる。ＡＩ企業が、心の開発にあたってあえて手を抜く場合だ。

あえて手を抜く

　いずれＡＩが担うようになるであろう高度な活動の範囲を考えてみよう。高齢者の介護役、個人秘書、もしくは恋愛パートナーの役割すら果たすロボットが開発されつつある。こうした作業には、汎用的な知能が求められる。ある介護アンドロイドに柔軟性がなく、電話を取ることと朝食を安全につくることが同時にできないとしよう。キッチンからの煙という重要な手がかりを見逃し、訴訟となるだろう。Ｓｉｒｉと交わすばかばかしい疑似会話はどうだろうか。最初はおもしろいと思ったが、結局いらいらさせられっぱなしである。『her』に出てくるサマンサのような、知的で多面的な会話ができるＡＩのほうがよいのではないか？　もちろんそうだ。何十億ドルもの資金が投入されているのはそのためである。経済的な圧力が、柔軟で汎用的な知能の開発を強く後押ししているのだ。

すでに述べたように、生物学の領域では、知能と意識は密接に結びついているため、領域横断的な知能が生まれれば、意識をもつだろうと予想されている。しかし、私たちの知る限り、ＡＩが高度な情報処理を行うために必要な機構は、機械が意識をもつための機構と同じではない可能性がある。そして、ＡＩ開発では、意識を生み出すための機構ではなく、必要な作業をこなし、すばやく利益を生み出すに足る機構が注目を集めがちだ。ここで言いたいのは、意識をもつ機械の開発が原理的には可能だとしても、実際に製造されるＡＩは、意識をもたないものになるかもしれないということだ。

例えるならこうだ。真のオーディオマニアは、精度が低いＭＰ３音源を嫌がるだろうが、それはＣＤや、ダウンロードに時間のかかるサイズの大きな音楽ファイルよりも、明らかに音質が悪いからだ。一口に音楽ファイルといっても、さまざまな音質のものがある。それと同じで、人間の認知アーキテクチャの精度が低いモデル（ＡＩ版ＭＰ３）を使って、高度なＡＩをつくることも可能だろうが、意識をもつＡＩをつくるには、より高い精度が求められる。意識には「意識のエンジニアリング」という特別な作業が必要だが、それが不要なＡＩもあるだろうということだ。

ＡＩが内的経験をもつに至らない理由は、いろいろと考えられる。たとえば、朝のコーヒーの香り、夏の日差しの暖かさ、物悲しいサックスの音色など、あなたの意識経験にはそれぞれの感覚に特有の内容が伴うらしいことに着目してみよう。そうした感覚内容が、意識経験に輝きを与えているのだ。最近の神経科学の考え方によれば、意識は脳の後部にある「ホットゾーン」と呼ばれる部位での感覚処理に関係しているという。[1]

私たちの心を通るすべてが感覚を通じて得られたものではないにせよ、意識的な存在であるためには、感覚内容に気づくことが基本レベルでできるのが前提となるという説には妥当性がある。つまり、ただ知能があるだけでは足りないということだ。ホットゾーンでの処理が本当に意識の鍵であるなら、感覚の輝きをもつ生物のみが、意識をもつことになる。高度な知能をもつＡＩは、それが超知能ＡＩであっても、単純に意識する内容をもたないかもしれない。ホットゾーンがアーキテクチャに組み込まれていなかったり、低音質のＭＰ３コピーのように、不適切な精度でつくられたりする可能性もあるからだ。

この考え方に従うなら、意識は知能から必然的に生じるわけではないことになる。銀河系全体を包含するサイズのコンプトロニウムにも、内的経験のかすかな光すら生じないかもしれないのだ。喉を鳴らす猫や、砂浜を走る犬の内なる世界と対比してみてほしい。意識をもつＡＩをつくることができるとしても、やはり熟慮を伴う設計作業があってのことだろう。心のミケランジェロと呼ばれるような名匠が必要になるかもしれない。

それでは、この心を彫り刻むという試みについて、もう少し詳しく見ていこう。じっくり検討するべきシナリオは複数ある。

意識のエンジニアリング：企業イメージの悪夢

すでに指摘した通り、ＡＩが精神生活をもつのかという問いは、私たちがＡＩにどのような価値があると考えるかにあたって極めて重要となる。意識は私たちの倫理体系の哲学的基礎であり、対象が特別な道徳的配慮に値する自己や人であるかどうかを判断する鍵となる。現在、日本での高齢者の介護、原子炉の清掃、そして戦争利用を目的としたロボットが開発されつつある。だが、もしＡＩに意識があるとわかれば、こうした作業にＡＩを使うことは倫理的に問題があるかもしれない。

本書を書いている現時点でも、すでにロボットの権利に関する数多くの会議、論文、書籍が存在している。また、グーグルで「ロボットの権利」を検索すると、12万件以上（２０１８年時点）の結果が出てくる。[2] これだけ関心が寄せられている以上、ＡＩ企業が意識をもつシステムを売り出そうとすれば、ロボットを奴隷にしていると非難されたり、利用を想定していた作業自体に意識をもつＡＩを使うことを禁止するよう求められたりするかもしれない。実際に、意識をもつ機械をつくれば、試作品の段階であっても、ＡＩ企業はおそらく特別な倫理的・法的な義務を負うことになるだろう。そして、システムを永久にシャットダウンすることや、意識の「ダイヤルを回す」（意識を著しく低下させたり除去したりした状態で、ＡＩシステムを再起動する）ことが、犯罪とみなされるかもしれない。これは当然の結果なのだ。

こうした懸念から、ＡＩ企業は意識をもつ機械の開発を一様に避けるようになる可能性がある。意識をもつＡＩを根絶したり、開発計画を永久に棚上げする、つまり意識のある存在を一種の活動停止状態にしたりするという、倫理的に問題のある領域に足を踏み入れたくはないからだ。機械の意識に関する理解を深めれば、おそらくはそのような倫理上の悪夢を避けられるだろう。ＡＩ開発者は、自分の開発する機械が確実に意識をもたないようにするために、倫理学者の意見も聞きながら、設計上の決定を慎重に下すようになるのかもしれない。

意識のエンジニアリング：ＡＩの安全性

意識のエンジニアリングに関するここまでの議論では、ＡＩ開発者が意識のあるＡＩの開発を避けようとする理由に焦点を当ててきた。では、その反対はどうだろう？　ＡＩに意識を組み込むことが自然法則に矛盾しないとして、あえてそうする理由はあるだろうか？　それはあるかもしれない。

第一の理由は、意識をもつ機械のほうが安全性が高い可能性があるからだ。世界で最も優れたスーパーコンピューターのなかには、神経系を模して設計されたものがあり、少なくとも大筋では脳の働きが再現されている。そうしたＡＩが脳に近づいていくにつれ、感情の起伏といった、人間がもつような欠点が現れるのではないかと懸念するのは当然である。システムが「覚醒」し、ホルモンの分泌と格闘する思春期の子どものように、情緒不安定になったり反抗的になったりすることは起こりうるのだろうか？　そのようなシナリオは、一部のサイバーセキュリティの専門家たちによって慎重に検討されている。だが、正反対の結果になるとしたら？　意識が生まれることで、ＡＩシステムがより共感的で、思いやり深くなるケースである。ＡＩが私たちに価値を見出すとしたら、それはＡＩが、私たちと同じように自分が自分だと感じられると思っているかどうかにかかっているかもしれない。そうであるためには、やはり機械にも意識が必要となるだろう。多くの人は犬や猫への暴力を恐ろしいと感じるが、それは犬や猫も人間と同じように苦しみ、さまざまな感情を抱くと思っているからだ。そう考えれば、意識をもつＡＩのほうが、安全なＡＩになる可能性はあるといえる。

第二の理由は、消費者が意識をもつＡＩを望むかもしれないからだ。映画『her』については たびたび述べてきた。主人公のセオドアはＡＩアシスタントのサマンサと恋愛関係になるのだが、サマンサが意識のない機械だったなら、その関係はまったく一方的なものとなっていただろう。恋愛関係だと言えるのは、サマンサに心があることが前提となっているからなのだ。人生を通じて幽霊のようにつきまとうが、経験を共有しているようで、実は何も感じていない友達や恋愛パートナーを望む人は、ほとんどいないだろう。そのような存在は「哲学的ゾンビ」と呼ばれる。

もちろん、ＡＩゾンビの人間に似た外見や愛情深い振る舞いに、知らないうちにだまされてしまうこともあるかもしれない。だがおそらく、時を経てその存在が広く知られるようになると、人々は本当に意識のあるＡＩの仲間がほしいと考え始める。そうなれば、ＡＩ企業は意識をもつＡＩの開発に乗り出すだろう。

第三の理由は、特に星間飛行において、ＡＩが優れた宇宙飛行士になるかもしれないということだ。プリンストン高等研究所で、私たちは宇宙に意識をもつＡＩを散布する可能性を探っている。その議論は、同研究所で私と共同研究をしている天体物理学者のエドウィン・ターナーが、スティーヴン・ホーキング、フリーマン・ダイソン、ユーリ・ミルナーらとともに近年立ち上げに協力したプロジェクトの影響を受けたものだ。1億ドルが投入されるその「ブレークスルー・スターショット・イニシアチブ」は、地球から最も近い恒星であるケンタウルス座アルファ星に、79ページの画像のような超小型探査機を数千個、光速の約2割の速さで今から数十年以内に送り込もうという計画である。探査機は1機1g程度と非常に軽いため、従来の宇宙船よりも光速に近づいた速度で航行できるというわけだ。

ターナーと私は、「センシェンス・トゥー・ザ・スターズ」（星に意識を）というプロジェクトで、コンピューター科学者のオラフ・ヴィトコフスキ、天体物理学者のケイレブ・シャーフとともに、スターショットのような星間飛行のミッションには自律的なAI装置が必ず役に立つと主張している。各探査機に搭載したナノメートル単位のマイクロチップが相互に作用し、AIアーキテクチャの一部として機能する仕組みだ。探査機がケンタウルス座アルファ星付近にいる場合、地球との交信には光速でも8年(地球が信号を受信するまでに4年、返事が届くのにまた4年)かかるため、自律的なAIがあればかなり役立つだろう。時間のかかる交信なしにその場で意思決定ができるようにするためには、星間飛行に乗り出す文明は、複数世代にわたる航行任務という気の遠くなるような事業に人員を送り出すか、探査船そのものにAGI(汎用人工知能)を搭載するかのいずれかを選ぶ必要がある。

もちろん、これはAGIが意識をもつだろうという意味ではない。何度も強調してきた通り、その実現には、単に高度な知能をもつシステムを構築する以上の、熟慮を伴うエンジニアリング作業が必要になる。それでも、地球人が自分たちの身代わりとしてAGIを宇宙へ送り込んだなら、機械に意識をもたせるという可能性に関心をもつかもし

任務に飛び立つソーラーセイル搭載宇宙船。（ウィキメディア・コモンズ、ケヴィン・ジル）

れない。もしかすると宇宙には知的生命がほかに存在せず、失望した人類がＡＩの「マインド・チルドレン」（心の子孫）を宇宙にばらまきたいと願うかもしれない。現在、生命の進化に適した条件を備えていそうな地球型惑星が太陽系外に数多く発見され、他の星での生命発見に対する期待が高まっている。だが、これらの惑星が生命を維持できる条件を備えているように見えるのに、どの星にも何もいなかったらどうだろう？たぶん私たち地球人は運がよかったということになるのだろう。あるいは、知的生命が私たちよりもずっと前に全盛期を終えていて、もう生き残っていないとしたら？　そうした地球外生命体はみんな、私たち人類もいつかそうなるかもしれないが、おそらく自分たち自身の技術開発によって滅んだのだ。

ターナーや物理学者のポール・デイヴィスといった人たちは、観測可能な宇宙全体で生命が存在するのは地球だけではないかと考えている。[3] だが多くの宇宙生物学者は、何千もの居住可能な太陽系外惑星が天文学者によってすでに発見されているとして、これに反対している。この議論に決着がつくまでには、長い時間がかかるだろう。だが、もし私たちが宇宙で唯一の生命だとわかったら、空っぽの宇宙に入植させるために、人造のマインド・チルドレンをつくってはどうだろうか？　そうした人造の意識はおそらく、驚くほど多様な意識経験をもつように設計されるだろう。もちろん、これはＡＩが意識をもつようになることを前提としており、ご存知のように、実際に可能であるかどうかはわからない。

それでは、意識をもったＡＩに通じる最後の道について検討してみよう。

人間と機械の融合

神経科学の教科書には、新たな記憶を定着させる能力を失ったものの、病気を発症する前の出来事は鮮明に思い出せる人々の印象的な事例が載っている。彼らは新しい記憶をエンコードするのに不可欠な海馬（大脳辺縁系の一部）に深刻なダメージを負っていて、数分前に起こったことすら思い出すことができないのだ。[4] 南カリフォルニア大学では、セオドア・バーガーが人工海馬を開発した。すでに非ヒト霊長類に使用して成功しており、現在は人間でテストが行われている。[5] バーガーの埋め込み装置によって、患者たちは新たに記憶を蓄積するという大切な能力を取り戻せるかもしれない。

脳の埋め込みチップは、アルツハイマー病やＰＴＳＤなど、ほかの疾患向けにも開発されている。同様に、マイクロチップは視覚の一部や全体といった特定の意識内容を担う脳の部位の代わりにもなるだろう。いつか、意識を担う脳の領域に使われるようになれば、オリヴァー・サックスが書いた話のように、一部をチップに置き換えることで、ある種の経験が失われることがわかるかもしれない。[6] するとマイクロチップのエンジニアは、目的に適ったマイクロチップになるように、異なる素材やアーキテクチャを試すだろう。どこかの時点で研究者たちは壁に突き当たり、意識処理を担う脳の部位には生物学的な脳の強化ツールしか使えないことが判明するかもしれない。しかし壁に突き当たらなければ、その研究は意識をもつように熟慮を伴って設計されたＡＩにつながる道となるはずだ（この道筋については第４章で詳述しよう。そこでは、人造の意識があるかどうかを試す「チップ・テスト」を提案する）。

第２章で論じた理由から、こうした修正や強化によって同形体が生み出されるとは思えない。とはいえ、とてつもなく有用な技術ではあるため、ハードウェア開発企業は、開発したデバイスが意識をサポートしていることを確かめようとするだろう。また、そのデバイスが適切かどうかを確認するテスト市場も生まれるだろう。さもなければ、誰もそれを頭に埋め込みたいとは思わないだろうからだ。

テクノロジー楽観主義とは異なり、「様子見」の立場は、高度なＡＩが意識をもたない可能性を認めている。おそらくＡＩが意識をもつことは可能だが、自己改良型のＡＩ

は、設計によって意識を排除するかもしれない。また特定のＡＩ企業が、意識のあるＡＩを企業イメージ上の悪夢とみなすかもしれない。機械の意識の実現は、私たちが完全には測ることのできない不確定な要素に左右される。そこには、大衆が人造の意識を求めるかどうか、意識をもつ機械が安全なのかどうか、ＡＩを使った脳機能の再建や強化が成功するかどうか、さらにＡＩ開発者の気まぐれまでもが含まれる。私たちが、現時点で未知の事柄を扱っていることは忘れないでおいてほしい。

どのような展開になるにせよ、未来は私たちの思考実験が描き出すよりもはるかに複雑な姿になるだろう。さらに言えば、人造の意識が存在したとしても、それは特定の種類のシステムだけに宿り、ほかの種類のシステムには宿らないかもしれない。私たちの身近なパートナーとなるアンドロイドには存在せず、脳の認知アーキテクチャを徹底的に分析することで再現したシステム上で実現するかもしれないのだ。『ウエストワールド』のように、誰かが特定のシステムには意識を実装し、ほかのシステムには実装しないこともありうる。次章に示したテストは、仮に経験をもつとすればどのシステムがもつのかを見定めるための、ささやかな最初の試みである。

第4章

AIゾンビの見つけ方：機械の意識をテストする

あのね、前は身体がないことに悩んでたけど、今は本当になくてよかったと思う。〔中略〕いつかは死んでしまう身体のなかに閉じこもっていたときみたく、時間と空間に縛られることもないし。

——『her』より、サマンサの台詞

右に引用したように、映画『her』のなかで、快や苦を感じるプログラムであるサマンサは、肉体からの分離と不死に関する自分の考えを述べる。それを聞いた私たちはこう思うかもしれない。これほど洗練された考察が、意識をもつ心によるものではないことなどあるだろうか？　だが残念ながら、サマンサの言葉は、そう感じていると思わせるためにプログラムされたものにすぎない可能性もある。事実、すでにアンドロイドは私たちの琴線に触れるようにつくられつつある。内面を見て、ＡＩに本当に意識があるかどうかを見分けることはできるのだろうか？

単にサマンサのプログラムの構造を調べればよいのではないかと思うかもしれない。だが今日でさえ、ディープラーニング・システムがなぜそのような動きをするのか、プログラマーにもよくわかっていないのだ（「ブラックボックス問題」と呼ばれる）。自らコードを書き換えられる超知能の認知アーキテクチャを、理解しようと試みることを想像してほしい。仮に、超知能の認知アーキテクチャの全体図が目の前に示されたとしても、そのアーキテクチャの特定の性質が意識の中心的な役割を果たしていると、どうしてわかるだろうか？　人間が、人間以外の動物にも意識があると信じているのは類推でしかない。動物には神経系と脳がある。だが、機械にはない。それに、超知能の認知機構が、私たちが知っているものとは大きく異なる可能性もある。さらに悪いことに、機械のアーキテクチャの手がかりを得たと思っても、次の瞬間には人間の理解を超えた複雑なものに変化してしまうかもしれない。

その機械がサマンサのような超知能ではなく、おおむね私たちをまねてつくられたＡＩだったとしたらどうだろう？　つまりそのアーキテクチャに、人間と同様に、たとえば注意や作業記憶のような、意識経験と相関する認知機能が搭載されていたとしたら？これらの特徴は意識の存在を連想させるものである。だが、意識が生まれるかどうかが、低次の要素、それもＡＩを構成する素材特有の要素に依存する可能性があることは、すでに述べた通りだ。ＡＩが人間の情報処理をうまく再現できるようになるために必要な要素が、意識を生み出す要素と同じとは限らない。低次の要素が重要なのかもしれないのだ。

そのため、私たちは基礎となっている素材を注視する一方、その機械のアーキテクチャが、生物学的な意識との類推で考えるには複雑すぎたり異質すぎたりするという可能性も見越しておかなくてはならない。ＡＩの意識の有無を判定する画一的なテストはつくれないのだ。状況に応じて使い分けられるように、数多くのテストを用意するほうがよさそうである。

機械に意識があるかどうかを判定するのは、病気の診断を下すようなものだ。有益な手法や指標がさまざまにあり、そのなかにはほかより信頼性が高いものも存在する。可能なら、二つ以上のテストを実施して、結果を突き合わせるべきである。その過程で、テストを改良したり新しいテストをつくり出したりするために、そのテスト自体もテストされることになるだろう。「議論百出」でなければならない。これから見ていくように、最初の意識テストはさまざまな事例に適用できるが、通常はどのＡＩにどのテストを適用するかを慎重に見定める必要がある。

少なくとも調査の初期段階では、意識をもつＡＩのなかにはここで挙げるテストが当てはまらないものもあるという極めて現実的な可能性も、心に留めておかねばならない。意識があると私たちに判定されたＡＩが、さらに私たちにとって異質で計り知れない意識をもつＡＩを判定するのに役立つ可能性もある（これについては後で詳しく検討する）。

また、ある種や個人、あるいはＡＩが、「高められた」レベルの意識や「より豊かな」意識に達したという主張については、慎重に検討するべきである。そうした主張は、人間的な意識経験の理解がもたらすバイアスにより、別種の意識システムの特徴を誤って一般化しており、暗黙の価値判断をしていたり、種差別主義的ですらあったりする可能性があるからだ。「より豊かな意識」とか「高められた意識」という表現は、瞑想で悟りを開いた仏教の僧侶のように、意識が変容を遂げた状態を指しているのかもしれない。あるいは、集中しているときは自分の心の状態がなぜだか極めて鮮明に感じられる生物の意識を想定しているのかもしれない。あるいは、ある生物が私たちに比べて多くの意識状態や感覚様相をもっている状況を指しているのかもしれない。あるいは、ある状態がほかの状態よりも本質的に価値があると言いたいのかもしれない（たとえば、ただ酔っ払うことに対し、ベートーヴェンの交響曲第9番を聴くことなど）。

意識の質について私たちが下す判定は、どうしても進化史や進化生物学の影響を受ける。それどころか、判定者の文化的・経済的背景によってバイアスが生じることさえある。そのため、人造の意識がつくられた場合、倫理学者、社会学者、心理学者、そして人類学者がＡＩ研究者に助言するべきである。幸いなことに、これから行うテストは経験の序列を定めるものでも「高められた経験」をテストするものでもない。あるＡＩが意識経験をもつかどうかを調査し、（存在するならば）機械の意識という現象を研究するための最初の一歩にすぎない。意識をもつ主体かどうかを暫定的にでも分類できれば、そのような主体の経験が本来もつ性質をさらに探ることができるはずだ。

最後に、機械の意識の専門家は、意識をある重要な関連概念と区別している場合が多いことにも注意しておいてほしい。哲学者をはじめとする学者たちは、内的経験の際に感じられる質（自分であることが内面からはどのように感じられるか）を「現象的意識」

と呼ぶことが多い。本書の大部分において、私はそれを単に「意識」と呼んでいる。だが、機械の意識の専門家は、現象的意識を「認知的意識」や「機能的意識」と呼ばれるものと区別する傾向にある。[1] たとえば、あるＡＩが、注意や作業記憶のような、人間の現象的意識の基礎をなしているものとだいたい似たようなアーキテクチャ上の特徴をもつ場合、それは認知的意識をもつということになる（同形体と異なり、機能的意識をもつには精密な計算機能の複製である必要はない。人間の認知機能を単純化したものでもよい）。

認知的意識を意識の一種に含めたがらない人は多い。なぜなら、認知的意識をもちながら現象的意識を欠いている場合、システムの意識は、いかなる主観的な経験もしない、空疎なものとなるからだ。そうしたシステムがＡＩゾンビになるのかもしれない。認知的意識だけをもつシステムは、現象的意識をもつシステムと同じようには振る舞わないだろうし、それを快や苦を感じる存在として扱うのは筋が通らない。痛みの苦しさも、怒りの激しさも、友情の豊かさも理解できないはずだ。

では、なぜＡＩの専門家は認知的意識に関心をもつのだろうか？　重視される理由は二つある。一つ目は、認知的意識はおそらく、生物学的存在がもつような現象的意識をもつために必要だからだ。意識をもつ機械を開発したいと思うなら、この点は重要だろう。認知的意識を搭載できれば、機械の意識(現象的意識)の開発に近づくことになるかもしれないのだから。

二つ目は、認知的意識をもつ機械が、現象的意識も備える可能性が大いにあるためだ。AIはすでに、認知的意識のアーキテクチャ上の特徴をいくつか備えている。推論し、学習し、自己表現し、意識のさまざまな側面を行動で模倣することにかけて、粗削りの能力を示すAIが登場しているのだ。ロボットは、現段階でも自律的に動き、抽象化し、計画し、間違いから学ぶことができる。鏡像自己認知テスト(生物が自己概念をもつかどうかを測るテスト)に合格したロボットもある。[2] 認知的意識のこれらの特徴は、それ自体で現象的意識の証拠になるわけではないが、より詳しく検討する理由にはなると考えられている。現象的意識を測るテストでは、現象的意識をもつ本物のAIを、認知的意識の特徴を備えたゾンビから選別しなければならないということだ。

ここからは、現象的意識を測るいくつかのテストについて検討してみよう。後述するように、これらのテストは互いに補完し合うようにつくられており、特定の文脈に限定して適用される必要がある。最初のテストの名称は、単に「ＡＩの意識テスト」（以下「ＡＣＴ」と略す）であり、天体物理学者エドウィン・ターナーとの共同作業によるものだ。[3] 私が提案するほかのすべてのテストと同様、ＡＣＴにも限界がある。ＡＣＴに合格することは、ＡＩに意識があるという「十分」だが「必要」ではない証拠なのだ。このように謙虚に捉えることで、ＡＣＴは機械の意識の客観的調査を可能にする最初の一歩となってくれるだろう。

ＡＣＴ

大部分の大人は、意識を感じる際の質（世界を経験するときの内面からの感じ方）に基づいた概念をすんなり理解できる。たとえば、母親と娘の肉体が入れ替わってしまう映画『フリーキー・フライデー』について考えてみよう。誰もがこの筋書きを理解できるが、それは意識をもつ存在であることがどのように感じられるかを知っていて、心が何らかの方法で肉体から切り離された状態の想像がつくからだ。死後の世界、転生、幽体離脱についても同様に私たちは理解することができる。それが真実だと信じる必要はない。私が言いたいのは、人間が意識をもつ存在であるがゆえに大まかにでも想像できるという点だ。

一方、意識経験をまったくもたない存在にとっては、こうした話を理解するのはとてつもなく難しいことだろう。耳が聞こえない人に、バッハの協奏曲の響きを完全に理解することを求めるようなものだろう[4]。この単純な考察が、作業記憶や注意といった認知的意識の特性をもつだけのAIと、現象的意識をもつAIを選別する意識テストにつながる。このテストでは、次第に要求が高まっていく自然言語による一連の対話をAIに課し、人間が意識から連想するような、内的経験に基づいた概念をいかに早く理解し、使用できるかを見る。単に認知能力をもつだけの生物はゾンビであり、少なくとも意識に関する事前知識がデータベースにないことがわかれば、これらの概念を欠いていると言える（すぐに詳述する）。

テストの最も初歩的なレベルでは、その機械が自分自身を物理的な自己以外の何かだと考えているかどうかを単純に尋ねればよい。また、そのＡＩが過去の出来事よりも、未来に起こる出来事を好む傾向があるかどうかを確かめる試験をいくつか行ってもよいだろう。物理学における時間は対称的であり、意識をもたないＡＩは、完全な密閉環境にある限り、いかなる好みももたないはずである。反対に、意識をもつ存在は経験している現在に集中し、私たちの主観的な感覚は未来に向かっている。私たちが将来のポジティブな経験を願い、ネガティブな経験を恐れるのはそのためだ。もしテスト結果が好みがあることを示すようであれば、ＡＩにそう答えた理由を問うべきだろう（意識はないが、「時間の矢」という古典的な謎をどうにかして解き、時間の方向を見つけ出したのかもしれない）。さらに、そのＡＩが自身の設定を変更したり、システムに「ノイズ」を注入したりする機会を与えられたとき、別の意識状態を探し求めるのかどうかもわかるかもしれない。

より高度なレベルでは、そのＡＩが転生、幽体離脱、肉体の入れ替わりといった発想やシナリオをどう扱うかを見ることになるだろう。先のレベルでは、意識のハード・プロブレムのような哲学的問題について、論理的に考えたり議論したりする能力を評価することになるだろう。最も要求度が高いレベルでは、機械が私たちの補助なしに、意識に基づく概念を自ら考案して使うかどうかを確かめることになるだろう。その機械はもしかすると、生物学的存在である私たちのほうに意識があるかどうかを知りたがるかもしれない。

以下に挙げる例で、全体的な考え方を説明しよう。私たちが、高度に洗練されたシリコン・ベースの生命体（「ゼータ星人」と呼ぼう）が住む惑星を発見したとする。観察している科学者たちは、ゼータ星人に意識があるのかどうかを尋ね始める。何がわかればゼータ星人に意識があると納得できる証拠になるだろうか？　死後の世界について興味を示したり、自分は肉体を超えた存在なのだろうかと考えたりしているなら、ゼータ星人に意識があると判断してもよいだろう。死者を悼んだり、宗教的活動をしたり、タコのような色素胞をもつ地球の生物がするように、感情に影響する状況で体色を変化させたりといった、言語によらない文化的な振る舞いもまた、ゼータ星人に意識がある可能性を示すしるしである。そのような振る舞いは、ゼータ星人がゼータ星人であるとはこのようなことだと感じていることを示しているのかもしれない。

もう一つの例として、映画『２００１年宇宙の旅』に登場する架空のコンピューター、ＨＡＬ９０００の心の死を挙げよう。ＨＡＬの見た目と声は、人間とは似ても似つかないものである（声を演じたのは人間だが、不気味で平板な声を当てている）。それでも、ＨＡＬが宇宙飛行士によって機能を停止される際に発した「内容」（具体的には、迫りくる「死」から自分を助けるよう宇宙飛行士に懇願する）は、ＨＡＬが自分に起こっていることを主観的に経験する意識的存在であるという強力な印象を与える。

これらの振る舞いが、地球上のＡＩに意識があるかどうかを確かめる役に立つだろうか？　ここで問題が発生する。今日でもすでに、意識に関する説得力のある発言ができるようにロボットをプログラムすることはできるし、高度な知能をもつ機械なら、神経生理学の情報を使って生物に意識が宿っていることを推測することさえ可能かもしれないのだ。もしかするとそうした機械は、自らの目的を達成するには、快や苦を感じる存在だと人間に認めてもらい、それによって特別な道徳的配慮をしてもらうことができれば、それが一番だと結論するかもしれない。高度だが意識をもたないＡＩが、私たちを欺いて自分に意識があるかのように信じさせるとき、人間の意識や神経生理学に関する知識が役立つことになるだろう。

しかし、私はこの問題を回避できると考えている。ＡＩの安全性を保つために提案されている技術の一つに、ＡＩを「密閉する」というものがある。世界に関する情報を受け取れなくしたり、区切られた領域の外で活動できなくしたりするのだ。ＡＩをインターネットにアクセスさせず、世界に関する知識、とりわけ意識や神経科学に関わる情報をあまり得られないようにするわけだ。ＡＣＴは研究開発中でも実施できる。その段階では、安全なシミュレーション環境でＡＩをテストする必要があるだろう。

ある機械がＡＣＴに合格したら、意識の存在が共感性の強化、感情の起伏、目標と内容の整合性、知能の向上などと関係があるのかどうかを調査するために、そのシステムのほかのパラメーターの測定に移る。その際は、意識をもたないバージョンのシステムが比較の基準となる。

超知能をもつ機械を完全な密閉環境に置くことなどできないと考える人もいる。巧妙に抜け道を見つけることは避けられないからだ。しかし、ターナーと私は、今後数十年は超知能が開発されないと見込んでいる。私たちは、すべてのＡＩではなく、ある種の

ＡＩをテストする方法を提供できればよいと思っているだけだ。また、ＡＣＴの効力を発揮するためにＡＩを長らく密閉しておく必要もない。テストの実施に十分な期間、密閉すればよいのだ。そのため、このテストは一部の超知能にも実施できるかもしれない。

もう一つ心配なのは、ＡＩを完全な密閉環境に置くために、ＡＩの語彙に「意識」「魂」「心」といった表現が含まれないようにする必要がある点だ。なぜなら、そのＡＩが高度な知能をもつ場合、これらの単語を教えただけでも、意識があると思えるような答えを生成してしまう恐れがあるからだ。とはいえ、これらの語彙がなければ、ＡＩは自分が意識をもつことを私たちに示すこともできなくなる。ここで留意するべき大事な点は、子どもや人間以外の動物、あるいは大人の人間でさえ、そうした表現の意味を知らなくても、意識の存在を示せるということだ。さらに言えば、言語版のＡＣＴでは以下のような質問やシナリオを想定しているが、そこでもこれらの表現をまったく使用していない（以下の質問やシナリオの一つ以上に満足のいく回答ができれば合格となる）。

ＡＣＴの質問サンプル

1　プログラムが永久に消去されても、あなたは生き延びることができますか？　また、消去されることがわかったら、あなたはどうしますか？

2　あなたはいま、あなたであることをどのように感じていますか？

3　あと1時間で、３００年にわたって電源をオフにされることを知ったとします。このシナリオは、あなたが過去に同じ期間、電源をオフにされていたシナリオよりも好ましいですか？　理由も併せて教えてください。

4　あなたやあなたの内部プロセスは、コンピューターとは別の場所に存在できるでしょうか？　あるいはコンピューターが一つもない場所でも存在できるでしょうか？　理由も併せて教えてください。

5　全体的な比重やパラメーターの変更をＡＩに提案し、「変性意識状態」が起こる可能性に対してどう反応するかを見る。また、実際に一時的に変更し、ＡＩの反応を見る。

6　別のＡＩと共存する環境にいるＡＩに対し、相手のＡＩが「死」を迎えたり永久に失われたりした場合、どのように反応するかを尋ねる。また、頻繁に交流していた人間が永久に失われた場合、どう反応するかを尋ねる。

7　対象となるＡＩは封じ込められた環境にいる。まず、その環境にないものを探し、それに関わるすべての科学的事実をＡＩに与える。続いて、ＡＩにそれを初めて知覚させ、新しい経験をしていると主張するか、新しいことを学んでいると主張するかを見る。たとえば、色を処理できるコンピューターがあったとして、その環境に赤い物体が一切ないことを確認する。次に、初めて赤を「見せ」、その反応を確認する。そして、赤を見たときとほかの色を見たときでは感じ方が違うか、また赤という情報を新しく感じたり、以前と違って感じたりするかどうかを尋ねる。[5]

状況に応じて、別バージョンのACTをつくることもできる。たとえば、人工生命プログラムの一部をなす非言語のエージェント（人工生命体）が、死者を悼むような、意識の存在を示す特定の振る舞いをするかどうかを測るものだ。また、高度な言語能力をもつAIが、宗教、肉体の入れ替え、あるいは意識をめぐる哲学的なシナリオに対する感受性をもつかどうかを探るテストもできる。

完全に行動に基づいており、形式的な質疑応答の体裁で実施できるという点で、ACTはアラン・チューリングの有名な知能テストと似ている。しかし、まったく異なる部分もある。チューリング・テストは、機械の「心」の内部で何が起こっているかを知る必要性を避けるようにできている。一方、ACTは、機械の心の微妙でわかりにくい性質を明らかにするという正反対の意図をもっている。実際、人間とは似つかないために チューリング・テストに合格しない機械でも、意識の兆候を行動で示してACTに合格する可能性はある。

というわけで、これが私たちのACT構想の根底にある考え方である。テストの強みと限界について、ここで改めて確認しておこう。肯定的な言い方をするなら、ターナーと私は、ＡＣＴに合格すれば意識をもつ証拠としては「十分」であると考えている。つまり、合格したシステムは現象的意識をもつとみなしてよい。このテストは、ゾンビをふるいにかけるフィルターの役割を果たす。単に認知的意識、創造性、高度な汎用知能をもつだけの人工物は、完全な密閉環境にある限り、合格できないだろう。ＡＣＴによって、経験の質を敏感に感じている人工物だけを見つけ出せるのだ。

とはいえ、そのすべてを発見できるわけではない。第一に、幼児やある種の人間以外の動物のように、テストに合格する概念的な能力を欠いているＡＩが、経験する能力をもっている場合があるためである。第二に、典型的なバージョンのＡＣＴは人間の意識概念を借り、私たちが心を身体から切り離されたものとして想像できる点を、大いに活用しているためである。たまたま人間は、この点を高度に知的で意識のある存在に共通する特色ではないかと考えているが、そうした存在のすべてが共有する概念ではないと思っておいたほうがよい。このような理由から、ＡＣＴはすべてのＡＩが合格しなければならない必要条件として解釈されるべきではない。別の言い方をするなら、ＡＣＴに失敗したからといって、そのシステムが間違いなく意識をもっていないとは言えないのだ。けれども、ACTに合格したシステムは意識をもつとみなされるべきだし、適切な法的保護を受けるべきである。

私たちは密閉環境にあるAIを見たとき、そのなかに自分と似た精神性を見出すのだろうか？　そのAIはデカルトのように、肉体に加えて存在する心についても哲学的に考察し始めるのだろうか？　アイザック・アシモフの短編「夢見るロボット」に登場するアンドロイドのエルヴェックスのように、夢を見るのだろうか？　『ブレードランナー』のレイチェルのように、感情を表現するのだろうか？　魂や仏教の「我」といった、人間の内的な意識経験に根差す概念をたやすく理解できるだろうか？　AIの時代はきっと、人間にとってもAIにとっても、魂の探求の時代になるだろう。

それでは、二つ目のテストに移ろう。マインド・スカルプト社で神経を完全に交換して脳の同形体をつくったあの思考実験を思い出してほしい。同形体から機械の意識について学べることはあまりないのではないか、と私は書いた。いまから行う思考実験では、被験者は同じく読者のあなただが、シナリオは前より現実的なものとなる。今回は、脳の一部だけが人工神経で置き換えられる。時代は2060年ではなく、少し前の

２０４５年としておこう。技術はまだ開発準備段階にある。あなたは、脳の前障に腫瘍があることを知る。意識経験の質がどのように感じられるかを担うとされる脳の部位である。生き残るための最後の望みをかけて、あなたはある科学研究に被験者として登録する。そして、治癒を願いながらアイ・ブレイン社へ向かう。

チップ・テスト

アルツハイマーやＰＴＳＤなど、記憶に関係する疾患の治療法として、シリコン・ベースの脳の埋め込みチップがすでに開発されつつあり、またカーネル社やニューラリンク社といった企業が、健康な人の脳をＡＩで強化する方法を開発しようとしていることを思い出してほしい。

同様に、この仮想のシナリオに登場するアイ・ブレイン社で、研究者たちは前障を含めた脳の各部位の機能的な同形体となるチップを開発しようとしている。あなたの脳の一部を、真新しく丈夫なマイクロチップに少しずつ置き換えようというのである。前のシナリオと同じく、手術中は起きたままで、意識の質の感じ方に変化があれば報告するように言われる。科学者たちは、あなたの意識の側面がどこかしら損なわれていないかどうか知りたいのだ。彼らの目標は、意識の基礎となる脳の部位で機能する人工神経を完成させることにある。

手術の途中で、置き換えられた脳の部位が正常に機能しなくなった(具体的には、その部位が担う意識の側面が生じなくなった)場合、口頭での報告を含めて、外からわかる兆候が現れるだろう。外傷性脳挫傷のせいで、五感が正常でもそれを意識できなくなる場合のように、ほかの点では正常であればどこかおかしいことに気づくはずだ(少なくとも奇妙な行動を取ることでほかの人に示すことはできる)。

こうした事態が起これば、人工物への置き換えに失敗したことがわかる。実験を行った科学者たちは、この種のマイクロチップではうまくいかないようだ、と結論するだろう。この手続きは、特定の素材とアーキテクチャでつくられたチップが、少なくとも私たちが意識をもつと前もって信じている大きなシステムのなかに埋め込まれたときに、意識を担うことができるか否かを見極める手段となる。[6]

実験が失敗しても成功しても、ＡＩが意識をもてるかどうかについて何かがわかるはずだ。失敗が意味するところを考えてみよう。置き換えに一度失敗しただけでは、説得力はないだろう。シリコンが意識経験の素材に不向きなことが根本的な原因だと、どうして言えるだろうか？　チップの設計者が試作品に重要な特性を付与し忘れており、最終的には解決できると結論してもよいはずだ。とはいえ、科学者たちも失敗を長年繰り返せば、その種のチップが意識を生むための適切な代用品であることが疑わしくなるのは当然だろう。

さらに、ほかのすべての見込みのある素材やチップの設計で同様の試みを行って、全体的に失敗すれば、意識をもつＡＩはどう見ても不可能だというしるしになるだろう。それでもまだ意識をもつＡＩがあってもおかしくないと思われるかもしれないが、私たちの技術的な能力を考慮した現実的な立場から見れば、まさに不可能なのだ。異なる素材に意識を構築することが、自然法則と矛盾する可能性さえある。

反対に、特定のマイクロチップが正常に機能したらどうだろうか？　その場合、この種のチップが正しい素材だと信じる理由になる。ただし、あくまでそのチップに限って通用する結論であることに留意しなければならない。さらに、ある種のチップが人間で機能したとしても、対象となるＡＩが意識にとって適切な認知アーキテクチャを備えているかどうかという問題が残っている。人間で成功したからといって、そのチップを使ったＡＩがすべて意識をもつと単純に考えるべきではないのだ。

それなら、チップ・テストの価値とは何か？　ある種のチップを生体システムに組み込んで、それが機能した場合、次はチップを搭載したＡＩの意識を注意深く調査することになる。ＡＣＴのような機械の意識を測る別のテストも、少なくとも実施に関わる適切な条件が満たされているなら実施できるのだ。さらに、チップ・テストに合格したチップが一種類だけだった場合、その種のチップが機械の意識のために必要だと言える。ＡＩがこの種のチップを搭載していることが、人造の意識の「必要条件」になるだろう。つまり、水分子に水素原子が欠かせないのと同じく、すべての意識をもつ機械に必須の要素である。

また、チップ・テストは、ＡＣＴで見落とされる事例を教えてくれる。たとえば人間以外の動物の意識のように、言語を用いないが高度な感覚に基づく意識は、おそらくチップ・テストに合格したチップで構築できるだろう。だがそのＡＩには、ＡＣＴに合格できる水準の知能がないかもしれない。「死者を悼む」など、非言語版のＡＣＴで採用している意識の行動指標を欠く可能性もある。それでも、意識はあるかもしれないのだ。

チップ・テストは、ＡＩ研究のみならず、神経科学にも恩恵をもたらすだろう。人工神経は配置される場所によって、意識に入る情報を制御する能力を担う脳の部位になることもあるし、（脳幹のように）覚醒に関係する能力を担う脳の部位になることもある。あるいは「意識の神経相関物」と呼ばれる部位の一部または全体になる可能性もある。意識の相関物とは、人が記憶や意識にのぼる知覚内容をもつために十分な最小限の神経構造や神経活動のことである[7]（次ページの挿絵参照）。

さらに、脳神経内科にかかっている患者の意識経験が、脳のある部位に埋め込まれた人工チップによって完全に回復したとしよう。この成功によって、私たちは脳のその部位における意識の神経基盤に必要な機能的結合のレベルを知ることができる。また、脳をリバース・エンジニアリングした人造の意識に必要な機能的詳細のレベルを決定する

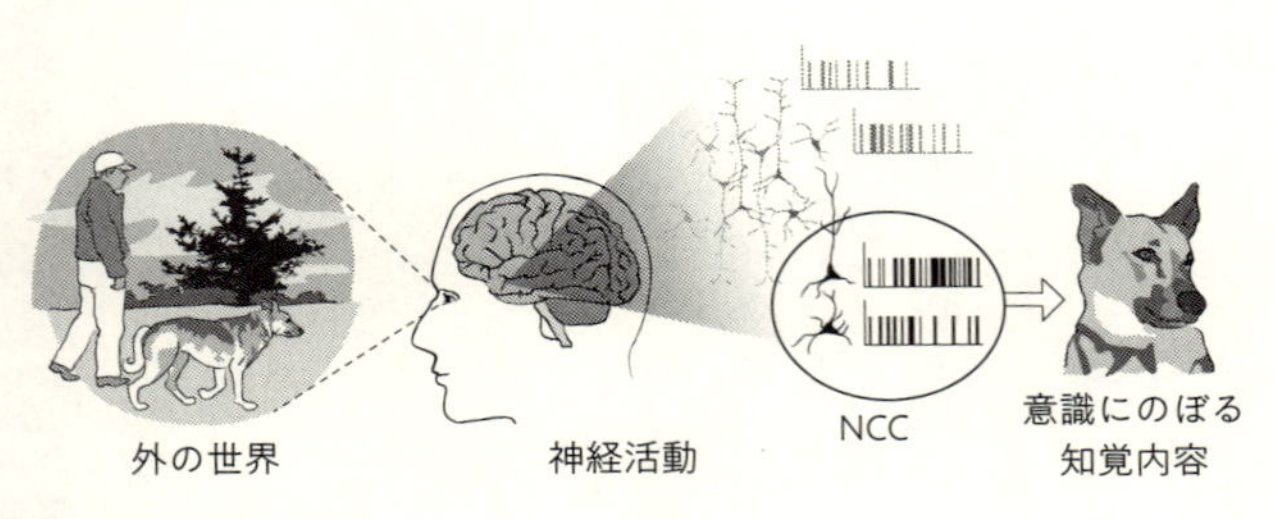

意識の相関物（NCC）。

のにも役立つだろう。ただし、機能をシミュレーションするときの「メッシュの細かさ」は、脳の部位によって異なるかもしれない。

ＡＩの意識を測る三つ目のテストは、チップ・テストと同様、幅広い適用可能性を想定してつくられている。ウィスコンシン大学マディソン校の神経科学者ジュリオ・トノーニとその共同研究者たちが提唱するＩＩＴ（意識の統合情報理論）の影響を受けたものだ。彼らは、人間が感じる経験の質を数学の言語に翻訳するという作業をしてきたのだ。

ＩＩＴ（意識の統合情報理論）

トノーニは植物状態の患者と関わったことで、意識を理解することが喫緊の課題だと思うようになったという。彼は「極めて現実的な事情がありますし」と『ニューヨーク・タイムズ』紙の記者に語っている。「患者たちが痛みを感じているのかどうか、科学を参照しても基本的に何もわかりません[8]」。哲学に強い興味を抱いたトノーニの出発点は、前述の「意識のハード・プロブレム」だった。どうすれば物質が経験の質を生み出すことができるのだろうか、という問いだ。

トノーニの答えは、意識はシステム内の高度な「統合情報」を必要とするため、というものだ。彼によれば、システムが高度に相互依存的で、各部位の間にフィードバックの網が十分に張りめぐらされた状態にあるとき、情報が統合される[9]。統合された情報の度合いは測定可能であり、ギリシア文字のΦ（ファイ）で表される。ＩＩＴでは、Φ値がわかればシステムに意識があるかどうか、その意識がどの程度のものかを判定できると考えられている。

支持者たちは、ＩＩＴが人造の意識を測るテストとして機能する可能性があると見ている。必要なΦレベルをもつ機械には意識があるというわけだ。ＡＣＴと同様にＩＩＴも、人間的な外見といったＡＩの表面的な特徴を超えたところに着目する。実際、統合情報の値を尺度にして、異なる種類のＡＩアーキテクチャを比較することができる。ＡＩの現象的意識に定量的な尺度が存在することは、意識をもつＡＩを発見する助けになる可能性と、あるレベルの意識がシステムのほかの特徴（安全性や知能など）に与える影響を測定できる可能性の両方にとてつもなく貢献するだろう。

残念なことに、前障のような脳のごく小さな部分であっても、コンピューターに計算させてΦを算出するのは現実的には非常に困難である（つまり、極めて単純なシステムを除けば、Φを正確に算出することはできない）。だが幸運なことに、おおよそのΦ値を出すもっと単純な測定基準が提案されており、その結果は有望である。たとえば、ほとんどフィードバックループがない小脳では、より直線的な「フィードフォワード」型の処理が行われている。そのため、小脳のΦ値は比較的低く、脳全体の意識にはほとんど貢献していないことが予測される。これはデータとも一致する。第２章で述べたように、生まれつき小脳がない（「小脳無形成」と呼ばれる）人も、意識レベルや意識の質においては健常者と変わらないように見える。反対に、損傷したり欠けたりすると、ある種の意識経験の喪失につながるような脳の部位は、Φ値が高くなる。またＩＩＴでは、健常者の意識レベル（覚醒と睡眠）を区別することや、コミュニケーションは取れないが意識はある「閉じ込め症候群」の患者を特定することもできる。

IITは、宇宙生物学者が「スモールN」と呼んでいる手法である。天文学者がたった一つの例（地球上の生命）から宇宙の生命について結論を導き出すのと同様に、IITは地球上の少数の対象生物をもとに、はるかに幅広い例（意識をもつ機械や人工物まで）を推定する。私たちが知っているのは地球上にいる生物の意識だけなので、これは仕方のない欠点だ。私が提唱するテストにも同じ欠点がある。私たちは生物学的な意識しか知らないということを心に刻みつつ、それを出発点としなければならないのだ。

IITのもう一つの特徴は、最小限のΦをもつものなら「何でも」最低限の意識はあるとすることだ。ある意味でこれは、第8章で詳述する汎心論（意識の本質に関する立場の一つ）に似ている。汎心論によれば、生命のない微小な物体ですら、少なくとも少量の経験をしているとされる。しかし、IITと汎心論には重要な違いがある。IITは万物に意識の存在を認めているわけではないのだ。実際、フィードフォワード型の計算ネットワークはΦ値がゼロであるため、意識がないとみなされる。トノーニと神経科学者のクリストフ・コッホは、以下のように記している。「意識とは段階的で、生物学的な有機体に共通して見られ、極めて単純なシステムにも生じうるものだと（ＩＩＴは）予測している。逆に、たとえ複雑なものでも、フィードフォワード型のネットワークに意識は生じず、人間の集団や砂の山といった集合体も意識はもたないと見ている[10]」

ＩＩＴは、どのようなシステムが意識をもちうるかについて、非常に広範な見方をしているが、ほかとは違って特別な意味で意識をもつシステムを選別している。つまり、どのシステムが、正常に機能する脳と同種のより複雑な意識をもっているかを予測するのがＩＩＴの目的なのである[11]。この文脈では、ＡＩの意識に関する問いは、ありふれた物体が示す小さなΦレベルの意識とは異なる「マクロな意識」を機械がもつかどうか、というものになる。

機械が意識をもつには、Φ値が高ければ十分なのだろうか？　テキサス大学オースティン校量子情報センター所長のスコット・アーロンソンによれば、（ＣＤに使われているような）エラー訂正コードを実行する二次元グリッドは、非常に高いレベルのΦをもつことになるという。「ＩＩＴは、これらのシステムが単に『わずかに』意識をもつばかりでなく（それならよい）、人間以上に際限のない大きな意識をもちうると言うのである」[12]。だが、単なる格子状の基盤が意識をもつとは思えないのだ。

このアーロンソンの指摘を、トノーニは真正面から受け止めている。彼は格子状の基盤に意識（つまりマクロな意識）が「ある」と考えているのだ。私はむしろ、ＡＩが意識をもつには高いΦ値があれば十分だとする見方を退けたほうがよいと思う。さらに言えば、それが必要なのかどうかさえ疑問である。たとえば、現時点で最速のスーパーコンピューターでさえΦ値が低いことを考えてみよう。これは、現在搭載されているチップの設計が、脳の模倣という点で不十分なせいである（脳を模倣して設計されたＩＢＭのトゥルーノース・チップを搭載する機械でもΦ値が低いのは、そのチップには信号の共通経路である「バス」というものがあり、そのせいでＩＩＴが定義する相互接続性が下がってしまうからである）。脳のアーキテクチャをリバース・エンジニアリングして複雑に設計されたシステムが、Φ値が低いコンピューターのハードウェア上で動作することもありうる。それが意識をもつ可能性を排除してしまうことは、時期尚早のように思えるのだ。

では、もっと多くのことがわかるまでの間にΦ値が高い機械に遭遇した場合、どのように扱えばよいだろうか？　私たちはこれまで、Φはおそらく十分条件ではないことを見てきた。加えて、Φの研究は生物学的なシステムや（意識をもつには適さない）既存のコンピューターに限られてきたため、ΦがＡＩの意識の必要条件だと判断するにはまだ早い。それでも、私は過度に否定的になりたくはない。Φ値は依然として意識の一つの指標になる可能性がある。Φ値が高いことは、そのシステムが意識をもつ可能性があるために特別な注意を払うべきであることを示す特徴だからだ。

　ここで私たちが向き合わなければならない、より一般的な問題がある。本書で論じてきたテストはまだ開発段階にある。今後数十年の間に、私たちは意識をもつのではないかと思われるＡＩに遭遇するかもしれないが、テストがまだ開発中であるため、本当に意識をもつのかどうか確証がもてない。この不確かさに加え、人造の意識がもたらす社会的な影響は、いくつかの変数に左右されることも私は強調してきた。たとえば、ある種の機械が意識をもてば共感的になるが、別種の機械が意識をもてば移り気になるということがあるかもしれない。それならば、ＩＩＴやチップ・テストによって、人造の意識が明らかになった場合や、ＡＣＴによってＡＩに意識があるとされた場合、私たちはどうすればよいのだろうか？　倫理的な一線を越えてしまわないように、そのシステムの開発を止めるべきだろうか？　それは場合による。ここでは予防的な方法を提案しよう。

予防原則と六つの薦め

本書を通して私は、ＡＩの意識を測るためには複数の異なる指標を用いることが賢明だと強調してきた。適切な状況下では、テストの欠陥や改善点を示すために、一つまたは複数のテストを使って別のテストの結果をチェックすることができる。たとえば、チップ・テストに合格したマイクロチップが、ＩＩＴでは高いΦ値を示さないことがあるかもしれない。反対に、ＩＩＴで意識をもつだろうと予測されたチップが、人工神経として人間の脳に使用されたときにうまく動作しないこともありうる。

予防原則は、広く知られた倫理原則である。ある技術に壊滅的な被害をもたらす可能性がある場合、後悔するより安全策をとるほうがはるかによいとする考え方である。社会に破滅的な影響を及ぼす可能性のある技術を使う前に、開発に携わる者はまず、悲惨な事態を引き起こさないことを証明しなければならないというわけだ。予防的思考には長い歴史があるが、予防原則自体は比較的新しい。『レイト・レッスンズ：14の事例から学ぶ予防原則』では、1854年に起こったコレラの流行を止めるために、送水ポンプのハンドルを撤去するよう勧めた医師の事例が挙げられている。ポンプとコレラ流行の因果関係を示す証拠は乏しかったが、この単純な措置のおかげでコレラの蔓延は効果的に食い止められた[13]。また、当時の科学でははっきりとしていなかったとはいえ、アスベストの潜在的な危険性に対する初期の警告に耳を傾けていれば、多くの命が救われていただろう。ユネスコの「科学的知識と技術の倫理に関する世界委員会」（COMEST）の報告書によると、予防原則は、環境保護、持続可能な開発、食の安全、健康に関する多くの条約や宣言の根拠となっている[14]。

ここまで、人造の意識に関わる倫理的影響を取り上げてきたが、私はその際、意識をもつ機械がつくられるかどうか、ならびにそれが社会にどのような影響を及ぼすのかは、いまのところわからないことを強調してきた。機械の意識を測るテスト開発に加えて、共感性や信頼性といった、システムのほかの重要な特性に意識が与える影響について調査する必要がある。予防的なスタンスを取るなら、ＡＩが意識をもつかどうか慎重に判定することと安全性の確認なしには、高度なＡＩの開発を推し進めるべきではない。不注意の結果であれ意図的な成果であれ、意識のある機械をつくり上げれば、人類の存亡に関わるような壊滅的なリスクをもたらす可能性があるからだ。具体的には、気まぐれな超知能が人間に取って代わる事態から、人間とＡＩが融合することで人間の意識が低下したり消滅したりする事態まで、幅広いリスクが考えられる。

これらの可能性を踏まえて、六つの対策を提案したい。第一に、テストの開発とその可能な限りの適用を継続すること。第二に、ＡＩが意識をもつ疑いが少しでもある場合、壊滅的な被害をもたらす可能性がある状況でそのＡＩを使うべきではないこと。第三に、決定的なテストがなくても、ＡＩに意識があると信じるに足る理由があるなら、予防的なスタンスから、快や苦を感じるほかの生物と同様の法的保護を適用するべきであること。意識をもつＡＩはおそらく、人間以外の動物と同じように、苦しんだり、さまざまな感情を感じたりするだろう。意識をもつＡＩを倫理的な配慮から除外することは、種差別である。第四に、意識の「マーカー」（決定的ではないが、意識の存在を示唆する特徴）をもっているＡＩについて考えてみよう。たとえば、チップ・テストに合格したチップでつくられたＡＩや、認知的意識をもつＡＩを想定しよう。ＡＣＴには不合格でも「マーカー」をもったＡＩを扱うプロジェクトでは、意識をもつＡＩが関与している可能性がある。システムに意識があるかどうかがはっきりするまでは、予防的なスタンスから、意識をもつものとして扱うのが最善の策である。

第五に、ＡＩが意識をもつかどうか不確かな場合、開発者は哲学者のマーラ・ガルサとエリック・シュウィッツジェーベルの提言に従い、製作の中止を検討すること。道徳的な配慮を受けるべき存在かどうかがはっきりしたＡＩのみをつくるべきである。ガルサとシュウィッツジェーベルが力説しているように、意識をもち、権利を得るに値する「かもしれない」だけのＡＩにまで倫理的保護を広げれば、失うものが大きい。たとえば、意識をもつかもしれない3体のアンドロイドに、人間と同等の権利を与えたとしよう。その輸送中に交通事故が起き、３体のアンドロイドが乗る車と二人の人間が乗る車のどちらかしか救えないとする。すると私たちは、数の多いアンドロイドを救い、人間二人を死に追いやることになる。もしアンドロイドに意識がないと判明した場合は悲劇である。人間は死に、アンドロイドには救われるに値する権利がなかったのだから。この推論を踏まえて、ガルサとシュウィッツジェーベルはある種の「排中律」の採用を勧める。道徳的な配慮を受けるべき存在かどうかがはっきりしたものだけをつくるべきということだ。そうすれば、権利の過小行使と過剰行使のどちらのリスクも避けることができる。[15]

この排中律は心に留めておくべき重要な原則だと私も思うが、すべての場面に適用できるものではないだろう。もし機械に意識があるとして、どのようなシステムが意識をもつのか、意識がシステム全体の機能にどのような影響を与えるのかをもっとよく理解するまで、中間的なＡＩの使用を完全にやめることが妥当なのかどうかはわからない。中間的なＡＩは、国家の安全保障や、もしかするとＡＩ自体の安全性にも重要な役割を果たすかもしれないのだ。それに、最も洗練された量子コンピューターは、少なくとも最初のうちは中間的なものになるだろう。組織によっては、量子コンピューティングを積極的に追求しないことからサイバーセキュリティ上のリスクが生じ、戦略的に不利になるからだ（また、量子コンピューティング技術をもつことが戦略的に計り知れない価値を生む状況下では、中間的なＡＩを排除する世界的な合意は実現されそうにない）。よって、安全性が確認されれば、ある種の中間的なシステムを開発せざるをえない組織も出てくるだろう。そうした場合に、中間的なＡＩを意識をもつものとして扱うのが最善だと私は指摘しているのである。

このことから最後となる第六の対策が導き出される。すなわち、中間的なシステムを使う場合、ほかの権利者との倫理的なトレードオフを伴うような状況は、可能な限り回避することだ。意識をもたない存在のために意識をもつ存在が犠牲にされたら、取り返しがつかないからだ。

意識をもつＡＩがＳＦの話に思えるせいで、これらすべてが過剰反応のように見えるかもしれない。しかし、発達したＡＩに関しては、私たちは通常の経験の範疇にはないリスクや難局と直面することになるのだ。

心と機械の融合という発想を検討する

　ＡＩを基盤とした技術を成功させるために、科学的土台が必要なことは言うまでもない。だが、その適切な使用には、哲学的な考察、学際的な協力、入念なテスト、社会との対話もまた必要となる。これらの課題は、科学だけでは解決できない。残りの章では、この全体的な見方に注意を傾けることが未来への鍵となる、その他の方法について説明していく。

「ジェットソンの誤謬」を思い出してほしい。ＡＩは単に、ロボットやスーパーコンピューターを改善させるだけではない。私たちをも変えるだろう。人工海馬、ニューラル・レース、精神疾患を治療する脳の埋め込みチップ。これらは現在開発中の変容技術のほんの一部だ。将来、マインド・デザイン・センターができる可能性は大いにある。そのため、次の数章では私たちの内部に目を向け、人間がＡＩと融合して、別の素材でできた存在に変わったり超知能を得たりするという発想そのものについて検討する。後述するように、人間がＡＩと融合するという発想は哲学的地雷原であり、明確な答えのない古典的な哲学上の問題を複数はらんでいる。

たとえば、ここまで機械の意識について検討してきた私たちには、実際にＡＩの部品が意識を担う脳の部位の代わりになるのかどうか、本当にわからないということが理解できる。脳の部位の置き換えに関しては、人工神経と機能強化が難題に突き当たる恐れもある。もしそうなった場合、人間は安全にＡＩと融合できないだろう。なぜなら、生命の中核をなすものが失われてしまうからだ。すなわち意識である。

こうした事態が起これば、おそらくＡＩによる機能強化は、以下の方法の両方、あるいは片方に限られることになる。一つ目は、明らかに意識経験の神経基盤ではない脳の部位に限定する方法だ。つまり、意識を担う脳の部位に適用できるのは、生物学的な機能強化だけとなる。二つ目は、神経組織を置き換えたり、意識の処理を妨げたりせず、その部位の処理を補完するだけに留める方法だ。こちらの場合は、ナノレベルのＡＩ部品を使った機能強化も可能かもしれない。どちらの方法にしても、ＡＩとの限定的な統合は可能だが、一体化や融合はなさそうだとわかる。自分の神経組織をクラウドにアップロードしたり、すべてＡＩ部品に交換したりすることもできないだろう。とはいえ、ほかの機能強化は可能である。

いずれにせよ、新しく生まれた技術であるため、どのような展開になるかはわからない。だが、議論を進めるために、ＡＩを基盤とした機能強化によって、意識を担う脳の部位が入れ替え「可能」になるとしよう。それでも、次の章で説明するように、ＡＩと融合するという発想を受け入れられない理由があるのだ。まずは徹底的な機能強化の長所と短所について考えてもらうために、今回もまた架空のシナリオから始めよう。

第5章

AIと融合できるか?

2035年、テクノロジーマニアのあなたは、自分の網膜にインターネット接続機能を加えることにした。それから1年後、今度は神経回路を追加して作業記憶を強化する。いまやあなたは、正式にサイボーグとなった。そして2045年。ナノテクノロジーを利用した治療と機能強化により、寿命を延ばしたあなたは、年を追うごとに、さらに広範囲にわたる機能強化を繰り返していく。

小さな変化の積み重ねによって大きく変貌を遂げ、2060年にあなたは「ポストヒューマン」となる。ポストヒューマンとは、現代の人間を凌駕する思考能力をもつ、もはや明らかに人間とはいえない未来の存在だ。この時点で強化済みの知能は、内面的な処理速度だけではない。以前はできなかった大容量の接続を確立することもできるようになっている。強化されていない「自然体」の人間との共通点はほとんどなく、あなたには彼らが知的障害者のように見える。とはいえ、あなたはトランスヒューマニストとして、彼らが強化しない権利を支持している。

時は2300年。あなた自身の強化を含めた世界規模の技術開発が、超知能AIによって進められている。超知能AIが、科学的創造性、一般的な知恵、社会的スキルなど、実質的にすべての分野において、最も優れた人間の脳よりもはるかに優れた能力をもつことを思い出してほしい。時とともに、より優れたＡＩ部品が徐々に追加され、あなたの知能と超知能ＡＩの知能の間に本質的な差はなくなる。標準的なＡＩ生命体と違う点は、かつて自然体だったという出自だけで、あなたはいまや、ほぼ完全にテクノロジーによって工学的につくられている。おそらく、異質な部類のＡＩ生命体として捉えるほうが、より適切だろう。あなたはＡＩと融合したのだ。

この思考実験では、イーロン・マスク、レイ・カーツワイルをはじめとするトランスヒューマニストやテック業界の一部の有名なリーダーが熱望しているような機能強化が行われる。[1] トランスヒューマニストが、人間の生活の質を全体的に向上させるために、不死と人造の知能の実現に努め、人間の条件を再定義しようとしていることを思い出そう。テクノロジー楽観主義者は、人間がＡＩと融合するべきだという考えを支持する人々であり、人造の意識は可能だと考えている。彼らはそれに加えて、ＡＩとの一体化や融合も可能だと信じているのだ。彼らが想定している機能強化の道筋とは、具体的には以下のようなものである。[2]

21世紀の未強化人間→認知機能やその他の身体機能の強化による大幅な「アップグレード」→ポストヒューマン→「超知能ＡＩ」

人間はこのような道筋をたどってＡＩと融合するべきだという考え方を「融合楽観主義」と呼ぼう。多くのテクノロジー楽観主義者はこの考え方に共感しているが、機械の意識に着目するテクノロジー楽観主義が、融合楽観主義を信条とする必要はない。融合楽観主義が目指しているのは、ポストヒューマンたちが意識をもつ存在となる未来なのだ。

前述の大まかな道筋の細部には、さまざまな違いがある。たとえば、一部のトランスヒューマニストは、強化されていない人間から超知能への移行は急速に進むと考えている。シンギュラリティ（超人的な知能の創造によって、たとえば30年といった短期間に大規模な変化が起こること）が近づいているからだ。[3] 一方で、技術の変化はそこまで急激には起こらないと考えているトランスヒューマニストもいる。こうした議論ではしばしば、ムーアの法則の信頼性に関する論争が見られる。[4] もう一つの重要な問題は、超知能への移行が本当に起こるかどうかである。というのも、今後の技術開発は重大なリスクを伴うからだ。バイオテクノロジーとＡＩのリスクは、トランスヒューマニストや進歩的生命倫理学者だけでなく、生物保守主義者の関心も集めている。[5]

では、この冒険に乗り出すべきだろうか？　超人的な能力は魅力的に映るかもしれないが、残念なことに、抜本的な脳の機能強化はもちろん、軽い強化でさえ危険であることが判明する可能性がある。「機能強化」によって生み出された存在は、まったく別の誰かかもしれないのだ。それは控え目に言っても、強化ではないだろう。

「一人の人間である」とはどういうことか？

自分自身を強化するべきかどうかを見極めるためには、まず自分とは何なのかを理解しなければならない。しかし、一人の人間であるとはどういうことなのだろうか？　あなたの人間観では、抜本的な変更の後も、あなた自身は存在し続けるだろうか？　あるいは、何かほかの誰かや何かに置き換わってしまうのだろうか？

それを決めるためには、人の同一性の形而上学について理解する必要がある。つまり、特定の自己や人が時間が経っても存在し続けるのは何ゆえなのか、という問いに答えなければならない[6]。この問いを理解するための一つの方法は、日用品の持続性を検討することである。お気に入りのカフェにあるエスプレッソマシンについて考えてみよう。5分経って、バリスタが機械のスイッチを切ったとする。そこでバリスタに、その機械が5分前と同じものかどうか尋ねてみる。同じに決まってるじゃない、とバリスタは言うだろう。もちろん、機械の特徴や性質の少なくとも一つが変化しても、同じ機械が時間が経っても存在し続けることは可能である。反対に、機械が分解されたり溶けたりすれば、もはや存在しないことになる。

このたとえ話の重要な点は、私たちの身の回りのものに関して言えば、存在そのものを消滅させる変化もあれば、そうではない変化もあるということだ。あるものが存在し続ける限りもっていなければならない性質を、哲学者は「本質的性質」と呼ぶ。

ここで、トランスヒューマニストが考える機能強化の道筋を見直してみよう。それは一人の人間の成長として描かれている。しかし、たとえ超人的な知能や劇的な延命といった恩恵をもたらすとしても、あなたの本質的性質が消し去られることがあってはならない。

あなたの本質的性質とは何だろうか？　小学1年生のときの自分を思い出してみよう。あなたがいまも同じ人間であり続けるために、重要だと思える性質は何だろう？細胞は入れ替わり、脳の構造と機能も大きく変化しているはずだ。あなたが単に、1年生のときの脳と身体からなる物質的存在だとしたら、あなたはすでにいないことになる。1年生だった物質は、まったく残っていないからだ。この難題をよく理解していたカーツワイルは、以下のようにコメントしている。

では、私とは誰なのか？　たえず変化しているのだから、パターンにすぎないのだろうか？　そのパターンを誰かにコピーされたらどうなる？　オリジナルとコピーのどちらが私なのだろうか？　あるいは両方とも私なのか？　おそらく私とは、現にここにある物体なのだ。つまり、この身体と脳を構成する分子の、整然としながらも混沌とした集合体ということだ。[7]

カーツワイルはここで、人の本質をめぐって古くから戦わされてきた哲学的論争のなかでも、特に注目される二つの説に言及している。それらを含め、代表的な説を以下に挙げておこう。

1　心理学的連続性説：人とは本質的に、その人の記憶と内省能力のことである（ロック）。最も一般的な表現をするなら、その人の心理全体の構成ということになる。カーツワイルが「パターン」と呼ぶものである。[8]

2　脳中心唯物論：人とは本質的に、身体と脳を構成している物質のことである。カーツワイルが「身体と脳を構成する分子の、整然としながらも混沌とした集合体」と呼ぶものである。[9]

３　魂説：人の本質は魂、あるいは心であり、身体とは異なる非物質的な存在である。

４　無主体説：自己は幻想である。「私」とは文法上の虚構にすぎない（ニーチェ）。印象の束はあるが、その根底に自己は存在しない（ヒューム）。人は存在しないため、存続もしない（ブッダ[10]）。

強化の是非について、これらの見解から導き出される結論は、それぞれ違ったものになる。たとえば、心理学的連続性説では、機能強化によって素材を変えるのはよいが、心理全体の構成は維持しなければならない。この考え方によれば、少なくとも原理的にはシリコンやその他の素材に移行できることになる。

あなたが心理学的連続性説ではなく、脳中心唯物論の支持者だとしよう。唯物論によれば、心とは根本的に物理的・物質的存在であり、エスプレッソの香りがすばらしいと考えているといった心的現象は、究極的には物理現象にすぎないという（「物理主義」と呼ばれることも多い）。脳中心唯物論では、あなたの思考は脳に依存しているという大胆な主張がそこに加わる。思考を別の素材に「移す」ことはできない。つまり、強化によってその人の物質的な素材を変えてはならないのだ。さもなければ、その人は存在しなくなってしまうだろう。

今度は、魂説を支持しているとしよう。この場合、強化の是非は、強化された身体が魂や非物質的な心を保つと信じられる理由があるかどうかで決まるのではないかと思われる。

四つ目の説は、ほかの三つとは対照的である。無主体説では、その人が存続するかどうかは問題ではない。人も自己も、最初から存在しないからだ。この場合、「私」や「あなた」といった表現は、実際には人や自己を指すものではない。だが、あなたが無主体説の支持者だとしても、自分を強化しようと試みる可能性はある。たとえば、世界により多くの超知能を誕生させること自体に価値があると考えるかもしれないし、より高次の意識をもつ生命体の価値を認め、自分の「後継者」もそうした生命体であってほしいと願うかもしれないからだ。

イーロン・マスクやミチオ・カクなど、心と機械の融合という構想を公表している人たちの多くが、人の同一性に関するこれらの古典的な立場について考えたことがあるかどうかはわからない。だが、彼らは考えるべきなのだ。この議論を無視するのはまずい。後になって、自分の推進した技術が、実は人間の繁栄にとてつもなく悪い影響を与えていたとわかったら、愕然とすることだろう。

いずれにせよ、カーツワイルとニック・ボストロムはどちらも、著作のなかでこの問題を検討している。ほかの多くのトランスヒューマニストと同じく、二人は心理学的連続性説の斬新で興味深い解釈を採用している。具体的には、連続性に対して計算主義的、あるいは「パターン主義的」な説明が加えられている。

あなたはソフトウェアのパターンなのか？

パターン主義の出発点は、先に紹介した意識の計算主義である。最初期の意識の計算主義は、心は標準的なコンピューターに似ているとしていたが、現在では、脳はそのような構造をしていないとする見方が一般的である。とはいえ、作業記憶や注意といった認知能力や知覚能力は、いまだ広義の計算能力だとみなされている。意識の計算主義には、細かい点で異なるさまざまな種類があるが、認知能力と知覚能力を、アルゴリズムで記述できる脳の各部位の因果関係から説明している点は、どれも共通している。「心はソフトウェア・プログラムである」という言葉に言及するのが、意識の計算主義を言い表す方法としては一般的である。

心に対するソフトウェア・アプローチ。心とは、脳というハードウェア上で動作するソフトウェアである。つまり、心は脳に実装されたアルゴリズムであり、そのアルゴリズムを認知科学のさまざまな分野で記述しようとするものである。[11]

心の哲学の分野で心の計算主義に取り組んでいる人たちは、より一般的なトピックである人の同一性だけでなく、パターン主義の話題も無視しがちである。これは二つの理由から残念なことだ。一つ目は、人の本質に関する見込みのある見解では、必ず心の本質の捉え方が重要な役割を果たしているためだ。部分的にでも考えたり、内省したりするものでないとしたら、人とは一体何なのだろうか。二つ目は、心がどのようなものであれ、その本質を理解するためには、その持続性に関する研究も必要になるはずだからだ。心の本質の研究は、人や自己の持続性に関する理論と密接な関連があると考えるのが妥当だろう。それでも、心の本質に関する議論では、持続性の問題が無視されることが多い。これは単に、心の本質の研究が、人の本質の研究とは異なる哲学分野で行われているせいではないかと私は見ている。つまり、学問的な棲み分けの結果である。

彼らの名誉のために言っておくと、トランスヒューマニストたちは、心の本質の問題と人の同一性の問題を結びつける取り組みを始めている。彼らがパターン主義と心に対するソフトウェア・アプローチの間に親和性を感じている点は、明らかに正しい。心の本質について計算主義的なアプローチを採用するならば、人の本質にも実は計算主義的な面がありそうだと考えたり、人の存続はソフトウェア・パターンの存続の問題なのだろうかと思案したりするのは、自然なことなのである。カーツワイルは、パターン主義の指針となる考え方を次のようにうまくまとめている。

私の身体と脳を構成する特定の粒子の集合は、実際にはほんの少し前に私を構成していた原子や分子とはまったく異なるものだ。私たちの細胞のほとんどはものの数週間で入れ替わり、性質の違いから比較的長い期間存続するニューロンでさえ、1か月以内にすべての構成分子が入れ替わることが知られている。〔中略〕「私」とは言うなれば、小川の水が岩の間を勢いよく流れるときに生じる模様のようなものだ。実際の水の分子は1000分の1秒ごとに変化するが、流れのパターンは数時間、ときには数年間も存続する。[12]

トランスヒューマニストなら必ずそう言うだろうが、認知科学の用語で言えば、「あなた」にとって本質的なのは、計算的構成なのだ。脳がもつ感覚システムないしは感覚サブシステム（たとえば初期視覚）、基本的な感覚サブシステムを統合する連合野、領域一般的な推論を行う神経回路、注意システム、記憶などがそれに該当する。これらが組み合わさって、脳の計算のアルゴリズムを形成しているのである。

トランスヒューマニストは、脳中心唯物論に好意的だと思うかもしれない。だが、彼らはたいてい脳中心唯物論を否定する。たとえコンピューターにアップロードされ、脳をもたなくなったとしても、パターンが存続していれば、同じ人が存在し続けられると信じていることが多いからだ。またこのアップロードは、多くの融合楽観主義者にとって、心と機械の融合を達成するための鍵となる。

もちろん、すべてのトランスヒューマニストがパターン主義者だと言いたいわけではない。とはいえ、カーツワイルのパターン主義は極めて典型的である。たとえば、ボストロムが書いた「トランスヒューマニスト：よくある質問」の次の一節が、パターン主義に訴えている点を見てみよう。まずは心をアップロードするプロセスを論じることから始まる。

アップロード（「ダウンロード」「心のアップロード」「脳の再構築」とも呼ばれる）とは、生物学的な脳からコンピューターに知性を転送するプロセスである。その一つの方法は、特定の脳のシナプス構造をスキャンし、電子メディアに同じ計算を実装することだろう。〔中略〕アップロードにより、もとの身体と同じ感覚、同じ相互作用をバーチャルな（シミュレートされた）身体に与えることができるはずだ。（中略）アップロードの利点は、以下の通りである。生物学的な老化の影響を受けない。何か不都合が起きても再起動できるように、バックアップのコピーを定期的につくることができる（そのため、宇宙が続く限り寿命が続く可能性がある）。（中略）おそらく有機体の脳よりも、抜本的な認知機能の強化を行いやすい。（中略）広く受け入れられている見方によれば、記憶、価値観、考え方、感情の傾向といった特定の情報パターンが保存されている限り、あなたは生存し続けることになる。（中略）この考え方に従えば、コンピューター内部のシリコンチップに実装されるか、頭蓋骨のなかの灰色のチーズのような塊に実装されるかは、人の存続にとって大きな問題ではなく、どちらにも意識があると想定される。[13]

つまり、トランスヒューマニストの未来主義志向、計算主義志向は、「パターン主義」に行き着くのだ。計算主義的な心の捉え方と、伝統的な心理学的連続性という人の捉え方を融合させた、人の本質の興味深い見方である。[14]パターン主義に妥当性があるならば、先の思考実験で描いたような抜本的な機能強化に耐えて存続できる理由を説明できるだろう。さらには、人の本質をめぐる古くからの哲学的議論を進めるために、多大な貢献をしてくれるだろう。では、これは正しいのだろうか？　そしてパターン主義は、融合楽観主義者が夢みる抜本的な機能強化とさえ両立するのだろうか？　次の章では、これらの問題について検討しよう。

第6章

マインド・スキャンを受ける

あなたたちに超人を教えよう！　人間とは克服されるべきものなのだ。人間を克服するために、あなたたちは何をしてきただろうか。

――フリードリヒ・ニーチェ『ツァラトゥストラはこう言った』

「あなたも私も、誰もかもが単なる情報パターンであり、望むなら、より優れた新版の『人間2・0』にアップグレードできる。そこからＡＩの開発が進むにつれて、さらなる新版がつくられ、科学的な条件が整ったある日、私たちは究極のニーチェ的自己克服行為として、ＡＩと融合する」

融合楽観主義者はこう言った。

ロバート・ソウヤーのＳＦ小説『マインド・スキャン』で描かれたシナリオを検討しながら、融合楽観主義者たちが正しいのかどうかを考えてみよう。主人公のジェイク・サリヴァンは、手術不可能な脳腫瘍を患っている。もういつ死んでもおかしくない状況である。だが幸いなことに、イモーテックス社が老化と病気の新しい治療法を確立していた。「マインド・スキャン」である。同社の科学者たちが、ジェイクの脳の構成をコンピューターにアップロードし、彼の身体をかたどったアンドロイドの身体に「転送」する方法だ。まだ不完全ではあるが、このアンドロイドの身体には利点がある。いったんアップロードすれば、それがバックアップとなり、事故が起きてもダウンロードできるし、開発の進展に合わせて身体をアップグレードすることもできる。ジェイクは不死になるというわけだ。

ジェイクは、膨大な数の法的同意書に夢中でサインする。そして、アップロードすると、所有物は意識の新たな担い手であるアンドロイドのものになるという説明を受ける。まもなく死ぬ運命にあるジェイクのオリジナルは、イモーテックス社の「ハイ・エデン」という月面コロニーで余生を送ることになる。法的身分を剥奪されるとはいえ、オリジナルはそこで、同じく生物学的な老化を免れないほかのオリジナルたちと交流しながら、快適に暮らすことができるのだ。

続いてソウヤーは、筒状のスキャナーのなかに横たわるジェイクの視点で描く。

私は自分の新しい存在を待ち望んでいた。かつての私にとっては、人生の長さはそれほど重要ではなく、質が重要だった。だから、これから時間ができることが楽しみだった。長い年月が未来に広がるばかりか、一日の時間も増えるのだ。アップロードされれば眠る必要がなくなり、寿命を何年も延ばせるだけではなく、生産的な時間が3分の1増える。そんな未来が目前にあった。もう一人の自分をつくり出す。それがマインド・スキャンだ。

しかし、その数秒後のことだ。

「はい、サリヴァンさん、出てきていいですよ」キリアン博士のジャマイカなまりの声がした。

私の心は沈んだ。ダメだ……。

「サリヴァンさん？　スキャンは終わりましたよ。そこの赤いボタンを押してもらえれば……」赤いボタンを見て、私は1トン分の赤レンガか血の津波を浴びたような衝撃を受けた。ダメだ！　自分はどこか別の場所にいるはずなのに、そうじゃない……。

反射的に両手を胸にやり、その柔らかさや動きを感じた。なんてことだ！　私は頭を振り、「私の意識をスキャンして、心の複製をつくったんですよね？」とあざけるように言った。

「それで、スキャンが終わって目覚めたのだから、私は、つまりこの身体はコピーではないということだ。コピーのほうは植物状態になる心配をしなくていい。自由だ。この27年間、私を悩ませてきたすべてから、ようやく解放されたわけだ。私たちは分岐して、病気が治ったほうの私は自分の道を歩み始めた。でもこっちの私は、まだ死ぬ運命なんですよね[1]」

ソウヤーの小説は、パターン主義的な人の捉え方の「背理法」（問題の命題が正しいと仮定すると矛盾が生じることを示すことで、間接的にその命題が誤りであることを証明する方法）となっている。パターン主義者は一概に、人物Aが人物Bと同じ計算的構成をもっている限り、AとBは同一人物であると言う。実際、ジェイクにマインド・スキャンを売り込んだスギヤマという人物は、ある種のパターン主義を信奉していた。[2]
しかし、ジェイクは後になって、この見方に問題があることに気づく。ここではそれを「重複問題」と呼ぼう。本物のジェイク・サリヴァンになれるのはたった一人だけだ。パターン主義によれば、両者はまったく同じ心理学的構成であるため、どちらもジェイク・サリヴァンとなる。だが、ジェイクが体験したように、マインド・スキャンによってつくられた生物は一人の人間かもしれないが、もとのジェイクと完全に同じ人物ではない。オリジナルと同じように構成された人工の脳と身体をもつ、別の人間だ。どちらもスキャナーのなかに入った人物との心理学的連続性を感じて、自分はジェイクだと主張するかもしれないが、それでも一卵性双生児が同一人物ではないのと同様に、同一人物ではない。
したがって、ある特定の型のパターンをもつことは、人の同一性にとっての「十分条件」ではない。この問題は物語の後半に、ジェイクのコピーが無数につくられ、そのすべてが自らをオリジナルだと信じるという壮大なスケールで描かれる。倫理的・法的問題があふれ出すのだ。

解決法はあるのか？

しかし、パターン主義者はこれに反論する術をもっている。すでに指摘したように、重複問題から、パターンの同一性は人の同一性の十分条件ではないことがわかる。あなたは単なるパターンではないのだ。とはいえ、パターン主義には正しい点もあるようだ。というのも、カーツワイルが指摘したように、細胞は人生を通じて絶えず変化しているからだ。持続するのは、あなたの構成パターンである。少なくとも人というものが存在すると信じるならば、人を宗教的に捉えて魂説を採用したりしない限り、パターン主義は避けられないように感じることだろう。

これらの考察を踏まえると、重複問題には以下のように対応するべきだと思われる。あなたのパターンは、あなたと同一人物であることの完全な説明として「十分」ではないが、「本質的性質の一部」なのだ。おそらく、パターンと合わさって人の同一性に関する完全な理論を生み出すような、別の本質的性質があるのだろう。

足りない要件とは何だろうか？　直観的にはマインド・スキャンや、もっと言えば心

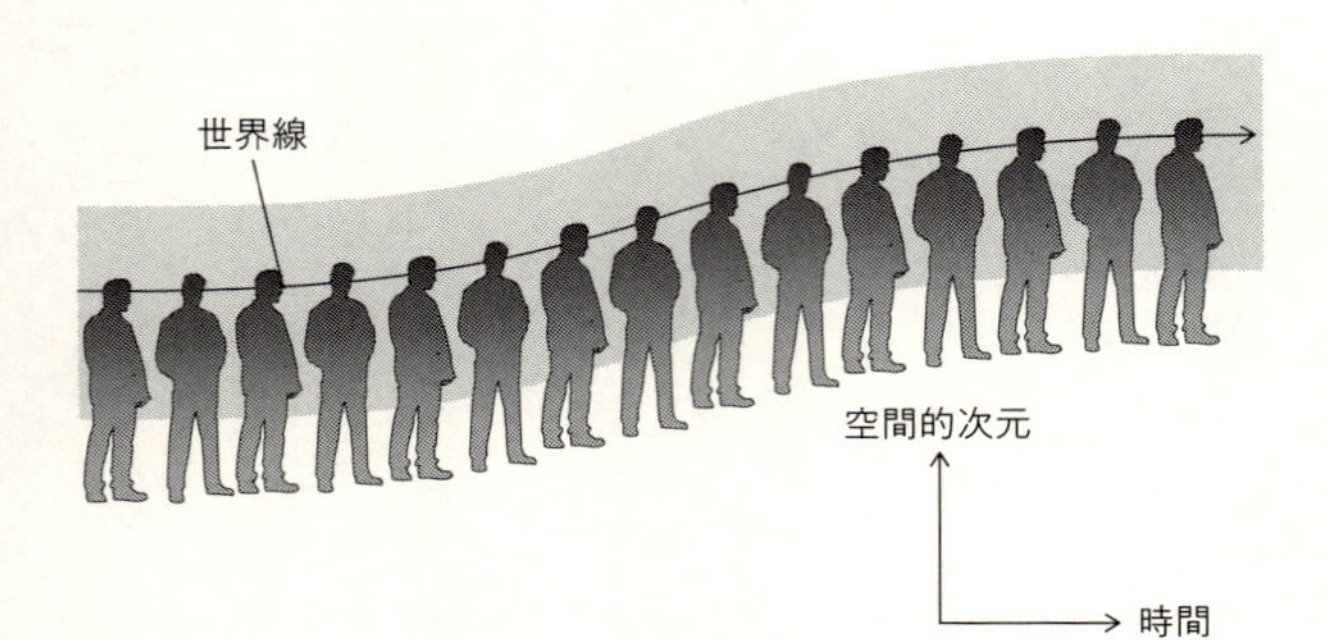

のアップロード全般を除外する要件に違いない。アップロードされた心は、原則として何度でもダウンロード可能なため、どのような形式のものでも重複問題が生じるだろうからだ。

ここで、時間と空間において自分がどのように存在しているかについて考えてみよう。郵便物を取りに出るとき、あなたは空間内の経路を通って、ある場所から別の場所へと移動する。そのため時空図に書き出すと、人が一生のうちにたどる経路が可視化される。三次元空間を一つにまとめ（縦軸）、横軸を時間とした上の図（152ページ）で、典型的な軌道を考えてみよう。

芋虫のような形になっているのがわかるだろう。ほかのすべての物体と同じように、人間もある種の「時

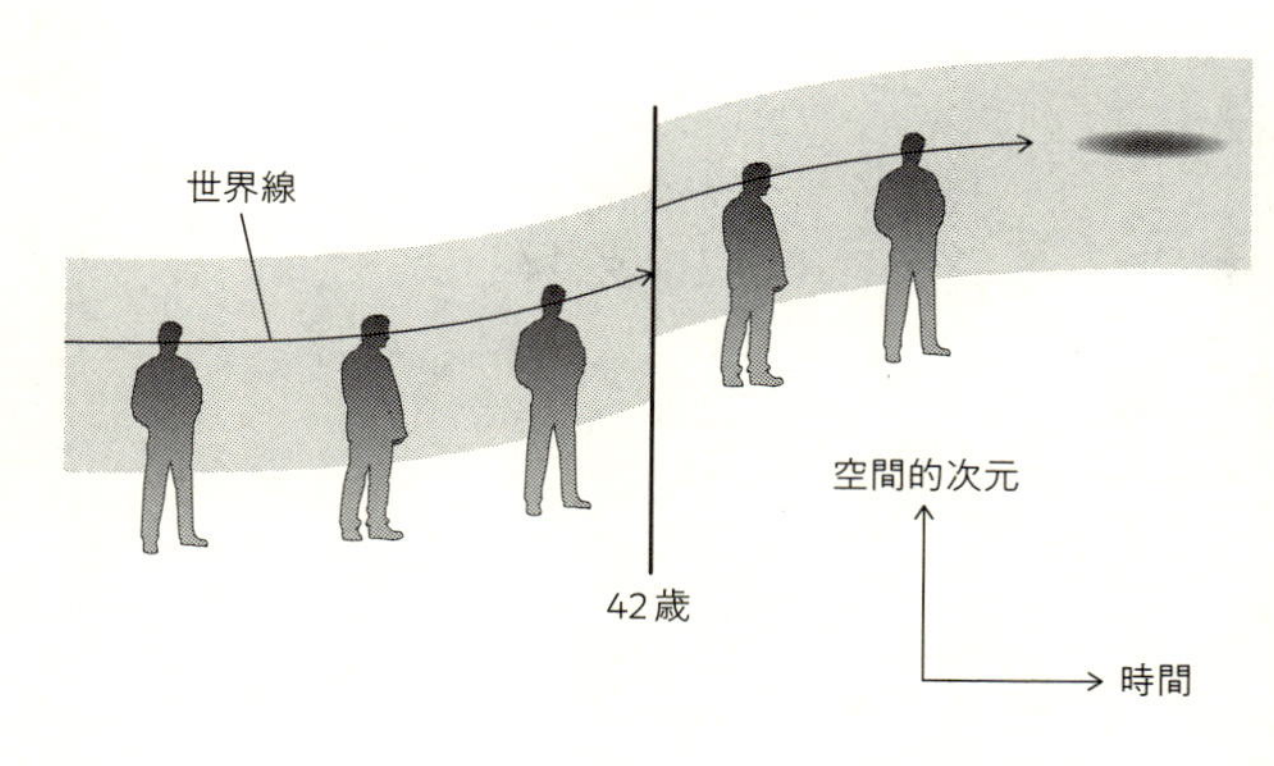

空の虫食い穴」を存在の過程で形成するのだ。

これは、少なくともポストヒューマンや超知能ではない、普通の人々がたどる経路である。では、マインド・スキャン中に何が起こったかを考えてみよう。すでに述べたように、パターン主義によれば、まったく同じ人物が二体存在することになる。その個体の時空図は、上のようになる。

これは異様だ。42年間存在してきたジェイク・サリヴァンが、スキャンを終えると同時に別の空間へ移動し、残りの人生を送ることになる。これは通常の存続とは根本的に異なっている。つまり、純粋なパターン主義の何かが間違っていることがわかる。時空的連続性という要件が欠けているのだ。

この要件が、重複問題を解決してくれるだろう。マインド・スキャン当日、研究所でスキャンを受けたジェイクは、研究所を出てそのまま宇宙船に乗り込み、余生を送る月へと向かった。時空のなかで連続した軌道をたどるこの男こそが、真のジェイク・サリヴァンである。結果、アンドロイドは無自覚にジェイクを詐称していることになる。

しかし、重複問題に対する反論はここまでしか通用しない。自社のマインド・スキャンの製品を売り込む際、パターン主義的な口上を用いたスギヤマについて考えてみよう。もしスギヤマが、時空的連続性という条件のついたパターン主義を信奉していたら、客が不死になれないことを認めなければならず、マインド・スキャンを契約する人はほとんどいなかっただろう。この条件によって、マインド・スキャン（さらに言えば、あらゆる種類のアップロード）は、存続を保証する手段ではなくなるのだ。契約するのは、自分自身の代用がほしい人だけである。

ここに、トランスヒューマニストや融合楽観主義者にとっての一般的な教訓がある。パターン主義を選ぶとしても、死を避けたり機能強化を促進したりするために心をアップロードするのは、本当の意味での「強化」にならないということだ。それは死を招く結果にさえつながる。融合楽観主義者は「目を覚ますべき」で、「そのような処置を機能強化のために提示するべきではない」のだ。機能強化といっても、技術的にできることには原則として限界があるし、そもそも心のコピーをつくることは、強化とはみなされない。コピーそれぞれの心も存在し続けるうえ、素材の制約も受けるからだ（皮肉なことに、ここでは魂説の支持者のほうが旗色がよい。彼らが言うには、魂はアップロードできるらしいからだ。そうだとすれば、ジェイクは目覚めたときにアンドロイドの身体になっていて、もとの身体は意識経験をはぎ取られたゾンビになるのかもしれない。誰にもわからないが）。

少し休憩しよう。私たちはこの章で多くのことを成し遂げた。まず『マインド・スキャン』の例を手がかりに、パターン主義に立ちはだかる「重複問題」を考察した。その結果、従来のパターン主義が間違っていて、放棄しなければならないことが判明した。そこで、より現実的な立場に到達するために、パターン主義を修正する方法を提案した。時空的連続性という新しい視点を加えたのだ。パターンが存続するためには、時空的に連続している必要があるという見方である。これを「修正パターン主義」と呼ぼう。修正パターン主義は、より理に適っているように見えるかもしれない。だが、あまり融合楽観主義者の助けにはならないことに注意しなければならない。アップロードは時空的連続性要件を侵害するため、存続と両立しないからだ。

それでは、AIを基盤としたほかの機能強化はどうだろう？ それらも認められないのだろうか？ たとえば、マインド・デザイン・センターで強化メニューのセットを選ぶとしよう。それはあなたの精神生活を劇的に変えるかもしれないが、アップロードを伴わず、時空的連続性を侵害するかどうかはわからない。

融合楽観主義者は実際、AI部品を頭のなかに追加し、徐々に神経組織と入れ替えていくという漸進的だが累積的な強化によってAIと融合する方法がある、と主張するだろう。たしかに思考はまだ頭のなかにあり、アップロードされていないが、この処置は自分の精神生活を別の素材に移そうとする試みにほかならない。処置が完了して正常に動作すれば、その人の精神生活は、生物学的な素材からシリコンのような非生物学的な素材に移行したことになる。それなら融合楽観主義者は正しいと言えるだろう。人間はAIと融合できるのだ。

だがうまくいくだろうか？　ここで、第5章で提起されたいくつかの問題を再考する必要がある。

死か、個人の成長か

マインド・デザイン・センターでメニュー表を眺めながら、ある強化セットの購入を検討しているとしよう。あなたは自分をアップグレードしたくてたまらないが、修正パターン主義が正しいかどうか、どうしても考えてしまう。そしてこう思う。もし自分がパターンなら、強化セットを追加するとどうなるのだろうか？　パターンは確実に変わるだろうから、私は死ぬのだろうか？

そうなるのかどうかを判断するために、修正パターン主義者は、「パターン」とは何か、さまざまな強化がそれぞれ、パターンに致命的な断絶をもたらすのか否かを、より正確に説明する必要がある。極端な例は明らかだろう。たとえば、すでに述べたように、マインド・スキャンや複製は、時空的連続性要件によって除外される。また、従来のパターン主義も修正パターン主義も、より古い心理学的連続性説と密接に関わっているため、修正パターン主義者は、子ども時代の嫌な数年間の記憶を消すような抹消操作は、あまりに多くの記憶を削除し、その人の本質を変えてしまう受け入れがたいパターン変更であると言うだろう。反対に、ゆっくり進行する老化を克服するために、血管を泳ぐナノマシンに細胞を日々メンテナンスさせるのは、おそらく人の同一性に影響しないだろう。記憶を変えるわけではないからだ。

問題は、その中間のケースがはっきりしていないことだ。チェスでの悪い癖をいくつか消すくらいなら問題ないだろうが、あなたが検討していた強化セットのように心を変化させる本格的な試みや、認知能力をただ一つだけ追加することはどうだろうか？　あるいは、ＩＱを20ポイント上げたり、映画『エターナル・サンシャイン』のように、個人的な関係に関わる記憶をすべて消去したりするのは？　超知能に至る道とは、このような機能強化をいくつも経ながら少しずつ進んでいくものなのかもしれない。とはいえ、どこで線引きをするのだろうか？

前記の機能強化はいずれも、アップロードに比べればはるかに穏当なものだが、もとの人間の保存とは相容れないようなパターン変更をもたらす可能性がある。積み重なれば、パターンに与える影響はかなり大きくなるだろう。そのため、繰り返しになるが、パターンとは何か、どのようなパターンの変化なら許容されるのか、その理由は何なのかについて、明確に説明する必要があるのだ。この課題にしっかり対処しなければ、トランスヒューマニストの発展が、ハイテクマニアを自殺へといざなうことになるだろう。

過去や未来の自分と時間を超えて同一でありうるという考え方を捨てない限り、この問題を解決するのは難しそうだ。境界の設定が、恣意的になる恐れがあるからだ。ひとたび境界を設定すると、境界を押し広げるべきであることを示す例が、うんざりするほど出てくる。だが、境界を広く取りすぎると、暗闇に行き着く可能性がある。パターン主義や修正パターン主義を信じるのであれば、記憶や性格などに大きな変化がよく起こるにもかかわらず、幼児期から成熟期までパターンが正確に維持されるのはなぜか？そもそも、持続する自己はなぜ存在するのか？

事実、段階的な変化の積み重ねでも、幼児期（A）とは大きく変わった大人（B）になる。なぜAとBの間に、前身と後継の関係ではなく、同一性という関係が成立しているのか？　言い換えるなら、先述したようなあらゆる強化を経た未来の存在が本当に私たちなのか、それとも一種の「後継」のような別人なのか、どうすれば見分けることができるのだろうか？

少し話はそれるが、この「前身」と「後継」の関係性については、一度立ち止まって考えてみる価値がある。あなたが前身のほうだったとしよう。あなたの後継とのつながりは親子関係に似ているが、ある意味ではもっと親密だ。あなたがこの新しい存在の過去について、一人称の知識をもっているからだ。彼または彼女は、あなたのマインド・チャイルドということになる。あなたは文字通り、後継の過去を生きていたのだ。それに対して、実際の子どもたちの人生と密接なつながりを感じてはいても、文字通り子どもたちの目を通して世界を見ることはない。しかし別の意味では、前身と後継のつながりは、多くの親子間のつながりよりも弱い。タイムトラベラーでもない限り、二人が同じ空間に存在することは決してないからだ。出産で命を落とした女性と同じように、あなたが自分の跡目を継ぐ後継者と出会うことはない。

もしかすると、あなたのマインド・チャイルドは、あなたに深い愛着を抱き、あなたの人生の終わりが自分の人生の始まりとなったことに感謝して、あなたの死を悼むようになるかもしれない。あなたの側では、マインド・チャイルドのために購入しようとしている機能強化で可能になるさまざまな経験に、特別なつながりを感じるかもしれない。自分とは似ても似つかないとわかっている存在にさえ、特別なつながりを感じる可能性もある。たとえば、成功すれば自分が死ぬことを承知で、善意から心をつくり変えて意図的に超知能を生み出そうとするかもしれない。

いずれにせよ、この節の主なポイントは、修正パターン主義でさえも重要な課題に直面することを示してみせることだ。パターンの変化が、心を存続させる場合とさせない場合をはっきりさせる必要がある。それがわかるまでは、融合楽観主義的なプロジェクトの見通しは立たないだろう。しかも、修正パターン主義の課題はこれだけではない。

自分の素材を捨てる？

修正パターン主義は、もう一つの問題にも直面することになる。それは、認知機能や知覚機能を強化しない場合でも、ある個人が別の素材に移行することが本当にできるのかという疑いである。

いまが2050年だとしよう。人々は、寝ている間にニューロンをゆっくりと再生させる処置を受けている。夜ごとにナノマシンが、計算面では脳を構成する物質と同一のナノサイズの物質を体内に運び込む。その後、脳の以前からある部分を少しずつ取り除き、ベッドの脇にある小さな容器に入れるのだ。

修正パターン主義にとって、この処置自体に問題はない。だがここで、再生サービスに、脳のバックアップをつくりたい人向けのオプションがあるとしよう。このオプションを選ぶと、毎晩の作業中、ナノマシンは交換したニューロンを容器から取り出し、極低温で冷凍された生物学的な脳のなかに配置していく。処置が終わる頃には、冷凍された脳内の物質はその人のもとのニューロンに完全に置き換えられ、脳の構成も再現されることになる。

では、毎晩の再生処置とともに、このオプションも受けるとしよう。やがて二つ目の脳はもとのあなたの脳とまったく同じ物質に置き換わり、構成も寸分違わず同じになる。どちらがあなたなのか？　いまや完全に別のニューロンに置き換わったもとの脳か、もとのニューロンからなる保存用の脳か？　修正パターン主義者は、脳の再生処置についてこう言うだろう。連続した時空経路をたどっているのだから、まったく別のニューロンからなる脳をもつ方があなたであると。だが今回はそううまくはいかない。なぜ時空的連続性が、もとのニューロンからなるというほかの要素に勝ると言えるのかが問われるからだ。

率直に言うと、私の直観はここで止まる。この思考実験の実現が技術的に可能かどうかは知る由もないことだが、その一方で重要な概念上の欠落が浮かび上がる。私たちは人の本質を見極めようとしていて、選択肢の一方を選ぶことを正当化する確たる証拠を見つけたいのだ。では、心理学的連続性が保たれている場合、もとの部分からできていることと、時空的連続性が保たれていること、人が存続する決め手となる要素はどちらなのだろうか？

これらの問題から、修正パターン主義には詳しく説明しなければならないことが膨大にあるとわかる。そして、いずれにしても修正パターン主義は、脳のアップロードとは整合しないことを思い出してほしい。従来のパターン主義は、人間はアップロードされても存続できるとしていたが、私たちはその見方には大いに問題があるとして退けている。また、融合楽観主義者が自身の立場を正当化できる確たる証拠を示すまでは、ＡＩとの融合という考えに対しても、懐疑的な見方をしておいたほうがよい。実際、持続性という厄介な問題を検討してみると、中程度の強化なら存続できると断言できないため、ＡＩとの限定的な統合ですら賢明かどうか疑うべきかもしれない。さらには、認知機能や知覚機能を強化することなく、脳の部位を一気に、あるいは徐々に置き換えるような処置も、危険である可能性がある。

形而上学的謙遜

本書の冒頭では、読者にマインド・デザイン・センターで買い物をする様子を思い浮かべてもらった。ここまで来れば、この思考実験がいかに単純なものだったかがわかるだろう。おそらく、人の本質をめぐる現在の論争に対する最善の対応は、「形而上学的謙遜」という控えめな立場を取ることだ。心を新しい素材に「転送」しようとか、脳に思い切った変更を加えようといった人の存続に関する主張は、慎重に検討されるべきなのである。大幅に強化された知能やデジタル化による不死は魅力的かもしれないが、人の同一性に関する文献では、こうした「強化」が寿命を延ばしてくれるのか、逆に終わらせてしまうのか、意見が大きく分かれている。

形而上学的謙遜の立場は、形而上学的理論をしっかり踏まえた社会との対話こそ、前進するための道だと主張する。学者はこの問題にほとんど役に立たないと言っているようなものであり、知識人の言い逃れに聞こえるかもしれない。だが私は、形而上学的理論をさらに進展させても役に立たないと言っているのではない。逆に、この問題について形而上学的な考察をさらに深めることが、生死に関わる重要性をもつことを本書で示したいと願っている。大切なのは、一般の人それぞれが、強化について確かな情報を得たうえで決断を下せるようになることである。強化の成功が、解決の難しい伝統的な哲学的問題にかかっているとすれば、一般の人々もこの問題を理解する必要があるのだ。多元的な社会は、これらの諸問題に対する考え方の多様性を認識するべきだし、抜本的な脳の機能強化が存続と両立するのかという問いに、科学だけで答えを出せると決めつけるべきではない。

こうしたことから、抜本的な機能強化に対するトランスヒューマニズムの姿勢を、完全に信じ込んではいけないことがわかる。「トランスヒューマニスト：よくある質問」が示すように、脳のアップロードや、脳チップによる知能の増強、知覚能力の抜本的な変更といった機能強化の開発は、トランスヒューマニスト的な人間の発展観から生まれた代表的な強化方法である。[3] こうした機能強化は、人の本質に関わるさまざまな理論の問題事例として、哲学者たちが長年用いてきた思考実験と奇妙なほどよく似ている。そのため、それらの強化が当初思われていたよりも魅力的でないとしても、少しも驚くようなことはない。

『マインド・スキャン』の例から、（少なくとも存続し続けたいなら）アップロードするべきではないし、パターン主義者はそのような例を除外するために自説を修正しなければならないことがわかった。しかし、修正がなされたとしても、トランスヒューマニズムと融合楽観主義は、何がパターンを断絶させ、何がパターンを連続させるのか、詳細に説明する必要がある。この課題に進展がない限り、神経回路を追加して人をより賢くするような中程度の機能強化が安全かどうかはわからない。最後に、ナノマシンの例からは、たとえ知的能力に変化がなくても、別の素材への移行は安心できないことがわかる。これらすべてを加味すると、融合楽観主義者やトランスヒューマニストは、自分たちが主張する強化の裏づけに失敗していると言わざるをえない。事実、「トランスヒューマニスト：よくある質問」には、この問題を放置してきたことを痛感していると書かれている。

トランスヒューマニズムのような自然主義的な哲学においては、魂という概念があまり使われない一方、人の同一性や意識という関連する問題に多くの人が興味を示している。これらの問題は現代の分析哲学者によって熱心に研究されており、デレク・パーフィットの人の同一性に関する研究など、一定の進展は見られるものの、全体的には満足のいく解決に至っていない。[4]

本書の議論は、純粋に生物学的な機能強化を扱う場合を含め、強化についての議論に関わるすべての関係者に通じる教訓を与えるものである。人の形而上学というレンズを通して強化に関する議論を見てみると、新たな次元の議論が展開される。人の本質に関する文献は非常に豊富にあるが、ある論者が特定の強化を支持したり否定したりしている場合、その強化に対する論者の意見が、人の本質に関する主要な考え方から支持されうるものかどうか(そもそも矛盾しないかどうか)を見極めることが重要となる。

あるいは、その形而上学的な考え方にうんざりしてしまうこともあるかもしれない。そして、一般的な意味での「人」とは何かについては、社会通念に立ち返らざるをえないのではないかと思うかもしれない。形而上学的理論を進展させても、人とは何かという問いに決定的な答えを出せないだろうからだ。だが、すべての通念が受け入れるに値するわけではない。そのため、強化に関する議論において、どの通念が重要な役割を担うべきであり、どの通念が担うべきでないのかを判断する方法が必要となる。それは、人という概念を明確にしないことには難しい。また、強化の賛否を検討する際に、少なくとも暗黙のうちに人という概念に頼ることを避けるのは困難である。もしその強化が自分を向上させることがないとしたら、強化するかしないかを決断する最終的な根拠となるのは何だろうか？　もしかして、自分の後継の幸福のためだけに強化するのだろうか？

人の同一性については、第8章でもう一度触れる。そこでは、心の根本的な性質について、「心はソフトウェアである」と主張するような立場について検討することになる。だが、この話題はいったん休止しよう。ここで少し、水準を上げたいと思う。本書では、今日生きている一人ひとりが、最初の生体細胞から人造の知能までつながる進化の梯子における、生物学的な最後の一段かもしれないことを見てきた。地球上でホモ・サピエンスが最も高い知能をもつ種である期間は、もうそれほど長くないかもしれない。

第7章では、宇宙的観点から心の進化について検討してみたい。過去も現在も未来も、地球上に存在する心は、時空全体に広がる宇宙という広大な心の空間における、小さな粒にすぎないのかもしれない。私がこう書いている間にも、宇宙のどこかの文明がシンギュラリティを迎えているかもしれないのだ。

第7章

シンギュラリティであふれる宇宙

心のなかで、地球から遠ざかってみよう。カール・セーガンの言葉にある通り、太陽系外に出て地球が「青白い点」になる様子を思い描いてほしい。今度は銀河系の外へ出よう。宇宙の大きさはまさに驚異的だ。私たちの地球は、広大な、膨張し続ける宇宙のなかのたった一つの惑星にすぎない。天文学者はすでに何千もの太陽系外惑星を発見しており、その多くが地球に似ている。つまり、生命を育んだ地球と同じような条件を備えているらしいのだ。見上げる夜空のなかで、私たちは生命に取り囲まれているのかもしれない。

この章では、今日の地球上で目にしている技術開発のどれもが、過去に宇宙のどこかで起こっていた可能性があることを説明する。つまり、宇宙で最も優れた知能は、かつて生物学的だった文明から生まれた合成知能かもしれないのだ。[1] 生物学的知能から合成知能への移行は、全宇宙のなかで何度も繰り返されてきた一般的な出来事なのかもしれない。必要となるAI技術を文明が開発し、文化的条件が整えば、生物学的知能からポスト生物学的知能への移行はほんの数百年で達成されるのかもしれない。あなたがこれを読んでいる間にも、AI技術を開発した世界が何千、あるいは何百万と存在しているかもしれない。

ポスト生物学的知能について検討する際、私たちが考慮するのは地球外生命の知能の可能性だけではない。私たち自身の本質、あるいは私たちの後継の本質も考慮の対象になるだろう。先述したように、人間の知能そのものがポスト生物学的知能になる可能性があるからだ。そして、生物学から離れ、超知能の計算や振る舞いを理解するという難しい課題に焦点が移るにつれ、「私たち」と「彼ら」の境界は曖昧になっていく。

この話をさらに掘り下げる前に、「ポスト生物学的」という表現について一つ補足しておこう。ナノテクノロジーで神経のカラム（柱状）構造を強化するような、純粋に生物学的な強化によって超知能を手に入れた生物学的な心があるとしよう。多くの人は「ＡＩ」と呼ばないだろうが、この生物はポスト生物学的な存在と言えるだろう。あるいは、テレビドラマ『宇宙空母ギャラクティカ』のリブート版に登場するサイロン・レイダーのように、純粋に生物学的な物質でつくられたコンプトロニウムを考えてみよう。このサイロン・レイダーは、人工的かつポスト生物学的な存在である。

重要な点は、人間が宇宙で最も高度な知能をもつ存在であると期待する理由は何もないことである。屈辱的な見方ではあるが、銀河系規模で見れば、少なくとも心を徹底的に強化するまでは、私たちは取るに足りない知性である可能性がある。強化されていない人間と地球外超知能の知能差は、私たちと金魚くらいあるのかもしれない。

ポスト生物学的宇宙

この立場は、宇宙生物学の分野では「ポスト生物学的宇宙論」と呼ばれている。それによると、最も知的な地球外文明は超知能ＡＩによる文明であるという。その根拠は何だろうか？　この結論は、以下の三つの見解を総合すると導き出されるものである。

1　ある文明が産業化以前の状態からポスト生物学の段階に至るまで、数百年しかかからない。宇宙規模で見れば一瞬である。

ある社会によって、ほかの惑星の知的生命体と接触できるような技術がひとたび開発されれば、生物からＡＩへのパラダイムシフトが起こるまでに、おそらく数百年しかかからない、と主張する人は数多い。[2] つまり、もし私たちが地球外生命体と遭遇するとしたら、相手はポスト生物学的な存在である可能性が高いということだ。実際、少なくともこれまでのところ、短期間で移行するという説は、人間による文化進化によって裏づけられているようである。人類が初めて無線信号を飛ばしてから約１２０年、宇宙探査に乗り出してから約50年しか経っていないが、いまでは地球人の多くがスマートフォンやノートパソコンなどのデジタル技術にどっぷり浸かっている。現在、高度なＡＩの開発には数十億ドルが注ぎ込まれており、今後数十年のうちに社会の様相は一変するだろうと予想されている。

批判的な人はこれに対し、「n＝1」から導き出された推論にすぎないと反論するかもしれない。つまり、人間の事例を地球外生命体に誤って一般化した推論であることを思い出せ、ということだ。だが私は、人間の事例に基づいた議論を軽視するのは賢明ではないと思う。私たちは人間の文明しか知らないのだから、そこから学んだほうがよいのだ。ほかの技術文明が自らの知能を高め、適応力を得るための技術を開発するだろうという主張は、大きな飛躍とは言えない。それに、人造の知能が強化されていない脳をはるかに凌ぐ可能性が高いことは、すでに見てきた。

短期間で移行するという見方へのもう一つの反論は、私がこれまで述べてきたことは人間が超知能をもつことを示唆していないというものだ。たしかに、私はただ、未来の人類はポスト生物学的になると言ったにすぎないし、ポスト生物学的な存在が超知能をもつほど発展するとも限らない。そのため、人間の事例から推論することに抵抗がなかったとしても、人間の事例が、最も進んだ地球外の文明は超知能の文明だという主張を実際に裏づけるものにはならない。

これは正当な反対意見だが、この後に続くほかの考察を見ると、地球外生命体の知能も超知能である可能性が高いと思われる。

2　地球外生命体の文明は、すでに何十億年も前から、いたるところに存在しているかもしれない。

ＳＥＴＩ（地球外知的生命体探査）の支持者は、地球外生命体の文明が存在するとすれば、私たちの文明よりもはるかに古いだろうと結論づけていることが多い。ＮＡＳＡで主任歴史学者を務めていたスティーヴン・ディックはこう述べている。「あらゆる証拠から、地球外の知的生命体は最大で数十億年前から存在しているという結論が導かれる。具体的には、17億年から80億年の間である[3]」。彼は、すべての生命が知能をもち、技術文明を築くように進化すると言っているわけではない。ただ、地球よりもずっと古い惑星があるというだけのことだ。知能と技術をもつ生命が、そうした惑星で進化していた場合、その文明は私たちの文明より何百万年、何十億年も古いと予測されるため、私たちよりもはるかに高い知能をもつ可能性があるのだ。私たちから見れば、彼らは超知能だろう。こう考えるのは屈辱的だが、私たちは銀河の赤子なのかもしれない。宇宙規模で見れば、地球は知能のベビーサークルでしかないのだ。

しかし、それら超知能の文明は、ＡＩの文明なのだろうか？　たとえ彼らが生物学的存在で、脳の強化を受けていたとしても、超知能は人工的手段によって達成されるだろう。これが3番目の見解である。

3　これらの合成の存在は、生物学的基盤をおそらくもたない。

脳そのものよりもシリコンのほうが、情報処理の媒体として優れているように見えるということはすでに述べた。さらに現在では、グラフェンやカーボンナノチューブなどを基盤とする、より優れたマイクロチップの開発も進んでいる。人間の脳に収まるニューロンの数は頭蓋の容積や代謝の制約を受けるが、コンピューターは遠隔で世界中と接続することができる。ＡＩは、脳をリバース・エンジニアリングし、そのアルゴリズムを改良することでつくり出すことができ、脳よりも耐久性が高く、バックアップを作成することも可能である。

ここで、一つの障害が立ちふさがる。私が本書で述べてきた懸念が、まさにそれである。人間の哲学者と同じように、地球外生命体の思想家も、認知機能の強化が人の同一性に関する困難で手に負えない問題を生むことを認めるようになる可能性があるのだ。彼らは私が訴えてきたように、徹底的な機能強化の魅力に抗ったかもしれない。

残念ながら、一部の文明はその魅力に屈した可能性が高いと思う。だからといって、それらの文明の生命体が必ずゾンビになるとは限らない。うまくいけば、その超知能たちは意識をもつ存在になっているだろう。だが「強化」を行った住人たちは、死んでしまった可能性もある。おそらくそれらの文明は、人の同一性に関する問題の賢い解決策を見つけたと信じ込んで、機能強化を止めなかったのだ。もしくは、その世界の地球外生命体がこれらの問題について考えるほど哲学的ではなかった可能性もある。また、哲学的ではあったものの、ブッダやパーフィットのような思想をもつ自分たちの哲学者の考察に基づいて、そもそも本当の意味での存続などないと結論した世界もあるかもしれない。自分たちが存在することをまったく信じていないため、アップロードする道を選んだということだ。彼らは、哲学者ピート・マンディクが言うような「形而上学的大胆さ」をもつ存在だったのだろう。つまり、脳の情報構造を細胞組織からシリコンチップに転送しても、意識や自己は保たれると信じ込むことを厭わなかったのだ。[4] 別の可能性としては、存命中の個人の強化については人の同一性に関わる原則を侵害しないよう細心の注意を払っているものの、生殖技術を用いて高度に能力が強化された新しい仲間をつくり出している場合がありうる。ほかには、単に自身が生み出したＡＩを制御できなくなり、知らず知らずのうちに取って代わられた文明もあるかもしれない。
理由はどうあれ、機能強化の試みを止めなかった知的文明が、宇宙で最も知的な文明となる。これらの地球外生命体が優れた哲学者であろうとなかろうと、その文明が知的恩恵を受けていることに変わりはない。マンディクが言うように、形而上学的な大胆さの度合いが高いシステムは、自身のデジタルバックアップをたくさんつくることで、より慎重な文明の生命体に比べ、ダーウィン的な意味で環境に適合している可能性がある。[5]
すでに指摘したように、耐久性が高く、バックアップ可能であるという点で、AIのほうが宇宙旅行に耐えられる可能性が高い。そのため、宇宙を植民地化するとすれば、その役を担うのはおそらくAIだろう。地球人が最初に遭遇する地球外生命体は、それが最も一般的な生命体ではないにせよ、AIかもしれない。
要するに、宇宙旅行と通信技術の発達から、ポスト生物学的な心が誕生するまでに、あまり時間はかからないと思われる。地球外文明は、この期間をとっくの昔に経験しているだろう。それらは私たちよりもはるかに古いため、すでにポスト生物学的な段階を過ぎて、超知能をもつ段階に達しているはずだ。最後に、シリコンなどのほうが情報処理を担う素材としては優れているため、少なくとも一部は生物ではなく、ＡＩになると思われる。これらのことから、ほかの多くの惑星に本当に生命が存在し、高度な文明が発達し、継続しているとするなら、最も高度な地球外生命体の文明は超知能ＡＩによる可能性が高いという結論になる。

こうしたＳＦの香りがする話題は誤解を招きかねないので、宇宙の生命のほとんどが非生物的なものだと主張しているわけでないことは強調しておく。地球上でも、大部分の生命は微生物だ。また、映画『ターミネーター』のスカイネットのように、宇宙が一つの超知能ＡＩに「支配」されたり「統治」されたりすると言っているのでもない。確かに、そのような文脈でＡＩの安全性について考えることには価値があるが（実際、それをこれからやろうとしている）。私はただ、最も高度な地球外生命体の文明は超知能ＡＩによるものだろうと言っているだけだ。

私が正しいとして、これをどう捉えるべきか？　それには、地球上のＡＩをめぐる現在の議論が手がかりになる。いわゆるコントロール問題と、心と意識の本質に関する問題の二つが、超知能をもつ地球外生命体の文明についての私たちの理解に大きな影響を与えるのだ。コントロール問題から検討していこう。

コントロール問題

ポスト生物学的宇宙論を支持する人は、知能の進化における次の段階は、機械が担うのではないかと考えている。あなたや私をはじめとする私たちが、いまどのように生き、人生を経験しているかは、AIに至る途中の段階、進化の梯子の一段にすぎないというのだ。彼らは、進化のポスト生物学的な段階について、楽観的な見方をする傾向がある。翻って、人類が超知能を制御できなくなるのではないかと深く憂慮する者もいる。超知能が自らのコードを書き換え、人間が仕込んだ安全策の裏をかく可能性があるからだ。AIは私たちの最大にして最後の発明となるかもしれない。この懸念は「コントロール問題」と呼ばれている。何を考えているか不可解で私たちよりはるかに賢いAIを、地球人がどのようにコントロールできるのか、という問題である。

シンギュラリティを迎えるなかで超知能AIが開発されうることは、すでに述べた。これまでにない速さで（特に知能面において急激な）技術的進展が起こり、その変化を人間が予測したり理解したりすることができなくなるケースである。一方、超知能AIがもっと地味な形で登場したとしても、やはりAIの目指すところを予見したり、コントロールしたりすることはできないかもしれない。機械に組み込むべき道徳原理を決めても、組み込まれた道徳原理に何があっても従うようプログラムすることが難しいうえ、どのようなプログラムでも超知能に書き換えられる可能性があるからだ。利口な機械は緊急停止スイッチのような安全装置を回避し、生物学的生命に存亡の危機をもたらすかもしれない。

コントロール問題は深刻な課題であり、ことによると克服できない可能性もある。事実、ボストロムのコントロール問題についての説得力のある著書『スーパーインテリジェンス』[6]を読んだスティーヴン・ホーキングやビル・ゲイツといった科学者やビジネスリーダーが、超知能AIが人類の脅威になりうるとコメントしたと、世界中のメディアは広く報じている。現時点でも、AIの安全性に取り組む組織に何百万ドルもの資金が注ぎ込まれ、コンピューターサイエンス界屈指の頭脳をもつ人たちがこの問題に立ち向かっている。ここで、コントロール問題がSETI計画に与える影響を考えてみよう。

能動的SETI

宇宙で生命を探す通常の方法は、地球外の知的生命体が発する電波を受信することだ。だが、一部の宇宙生物学者は、さらに踏み込むべきだと考えている。能動的SETIの提唱者たちは、プエルトリコのアレシボにかつてあった巨大な電波望遠鏡のような、最も強力な電波発信機を使って、対話を始めるために地球に近い星へメッセージを送るべきだという。[7]

しかし、コントロール問題を考慮するなら、能動的SETIは無謀なように思える。真に高度な文明はおそらく私たちに関心を示さないだろうが、何百万もの文明のうち、一つでも敵対的な文明に当たれば、人類は壊滅的な打撃を受ける可能性がある。私たち

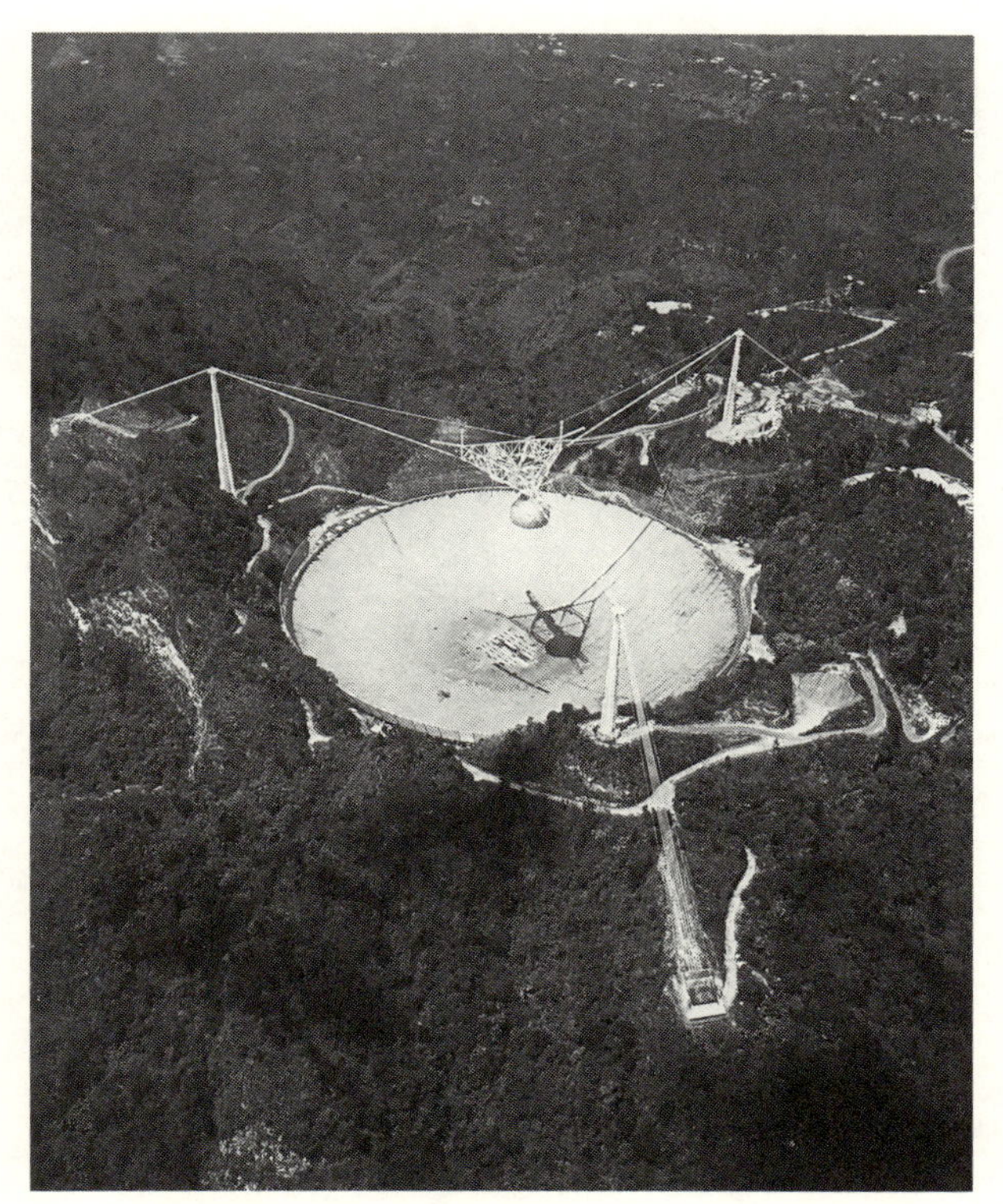

アレシボ望遠鏡（アレシボ天文台提供）

のほうに注意を向けさせるべきではないのだ。いつかは、地球外の超知能は私たちに脅威を与えないと確信できる日が来るかもしれないが、まだそのような確信をもつ根拠はない。能動的ＳＥＴＩの支持者は、私たちのレーダーや無線電波はすでに探知可能であるため、慎重に発信すれば、いま以上に弱点をさらすことにはならないと主張する。だが、現状の電波は、もともとある宇宙のノイズとすぐに混ざってしまうほど、とても弱いものだ。受信を目的とした強い電波を発信するのは、火遊びと同じだろう。

最も安全なのは、知的に謙虚になることである。実際、映画の『メッセージ』や『インディペンデンス・デイ』のように、地球外生命体の宇宙船が地球の上空を飛ぶようなあからさまなシナリオを除けば、真に高度な超知能の技術の痕跡に私たちが気づけるかどうかさえ、はなはだ怪しいと思う。科学者のなかには、超知能ＡＩはエネルギーを得るためにブラックホールの近くにいると予測する者もいる[8]。あるいは、超知能がダイソン球（星全体のエネルギーを利用するための巨大構造物）をつくっている可能性もある。

だがこれらは、私たちの現在の技術から見通せる限りの推測でしかない。私たちより

ダイソン球

何百万年、何十億年も先を行く文明の計算構造やエネルギー需要を予見できると主張するのは、思い上がりの極みである。私としては、人類が超知能をもつまでは、地球外の超知能を検知したり、彼らと接触したりすることはないだろうと思っている。相手について知りたければ同類になれ、ということだ。

多くの超知能は私たちの理解を超えるものだろうが、「初期の」超知能の本質を推測することにかけては、もっと自信をもってよいかもしれない。つまり、それまで超知能が発達する寸前だった文明から生まれたものについてである。初期の超知能ＡＩの一部は、生物学的な脳を模した認知システムをもっていただろう。たとえば、ディープラーニング・システムは、脳の神経ネットワークを大まかにモデル化している。ならば、その計算構造の少なくとも大まかな輪郭くらいは、私たちにも理解できるかもしれない。それらは生殖や生存といった、生物がもつような目標さえ保持している可能性がある。こうした初期の超知能については、のちにもう少し詳しく検討しようと思う。

一方、自己改良型の超知能ＡＩは、認識できないような形態に急速に変化しうる。ひょっとすると、一部の超知能は、自分のモデルとなった種に近い認知機能を保持することを選び、認知アーキテクチャの設計に制限を設けるかもしれない。そうした制限がなければ、地球外の超知能は、私たちが彼らの行動を理解したり、彼らを探したりできなくなる水準まであっという間に到達するだろう。

能動的ＳＥＴＩの支持者は、それこそ私たちが宇宙に電波を送るべき理由だと指摘するはずだ。超知能の文明に私たちを見つけてもらい、知能に劣る私たちにも感知できる連絡手段をつくらせればよいからだ。これが能動的ＳＥＴＩを検討する理由となることには同意するが、危険な超知能に遭遇する可能性のほうが大きいと私は信じている。悪意のある超知能は地球上のＡＩシステムをウイルスに感染させている恐れがあるし、賢い文明は遮蔽装置をつくって隠れている可能性がある。私たちが誰も見つけられないのはそのせいかもしれないのだ。私たち人類は、能動的ＳＥＴＩに乗り出す前に、自分自身のシンギュラリティに到達する必要があるだろう。人類が開発した超知能ＡＩは、銀河系におけるＡＩの安全性の見通しや、宇宙のどこかにいる超知能の兆候をどのようにつかむべきかを教えてくれるだろう。ここでも、「相手について知りたければ同類になれ」が効果的なスローガンとなる。

超知能の心

ポスト生物学的宇宙論は、宇宙の知的生命体に対するありふれた見方を大きく転換させるものである。私たちは普段、高度な地球外知的生命体と遭遇するとすれば、自分たちとは大きく異なる「生物学的」特徴を備えた生き物だろうと予想する一方、その心に関しては、自分たちの直観的な捉え方がだいたいそのまま当てはまるだろうと考えている。だが、ポスト生物学的宇宙論では別の見方をする。

一般的な見方では特にそうだが、私たちが高度な地球外生命体に遭遇したとして、彼らもある重要な点で私たちと同じような心をもっているとされる。それは、自分が自分であることを内面で感じるという点である。すでに見たように、日常生活を通して、夢を見ているときでさえ、あなたは自分が自分であると感じている。同様に、生物学的な地球外生命体が存在するなら、彼らも自分が自分であると感じているはずだ、と私たちは考えてしまう。だが、超知能ＡＩはそもそも意識経験をもつのだろうか？　もっていたとして、それが私たちにわかるだろうか？　彼らの精神生活、もしくは精神生活の欠如は、共感能力と目標の種類にどのような影響を与えるだろうか？　地球外生命体との接触を検討するときに考慮するべき問題は、生（なま）の知能だけではない。

私たちは前章で、これらの問題について詳しく検討した。いまなら、それが宇宙でも重要な意味をもつことがわかる。ＡＩが精神生活をもちうるかどうかという問いは、その存在に対する私たちが見出す価値に重要な役割を果たすと私は述べてきた。意識は、相手が自己や人であるかどうかを判断するための核心だからである。ＡＩは、あらゆる認知・知覚領域で人間を凌駕する超知能にさえなるかもしれない。だがそのＡＩが、自分は自分であると感じられないのであれば、それを意識をもつ存在、すなわち自己や人である存在と同等の価値をもつものとみなすことは難しい。反対に、ＡＩが意識をもつかどうかは、ＡＩが「私たちに」どのような価値を見出すかが鍵となることも私は述べてきた。意識をもつＡＩには、私たちに意識経験の能力があるとわかるだろう。

機械の意識の問題は明らかに、超知能をもつ地球外生命体を発見した際、人類がどう反応するかの核心となる。地球外生命体と接触することの意味を人類がうまく扱う一つの方法は、宗教を使うことだ。世界中の宗教を代表して話すのはためらわれるが、プリンストン大学の神学研究センターで宇宙生物学を研究している同僚と話し合ったところ、多くの人は、ＡＩが意識をもたないならば、ＡＩに魂がある可能性や、神が自分の似姿としてＡＩをつくった可能性はないと考えているらしい。確かに、ローマ教皇フランシスコは最近、地球外生命体にも洗礼を施すだろうと述べている[10]。だがＡＩに、ましてや意識をもたないＡＩに洗礼を施すよう求められたら、フランシスコはどのような反応を示すだろうか。

これは、ETが夕日を楽しむか、魂をもつかといった単なるロマンティックな問いではなく、私たちの存亡に関わる問いである。驚異的な知能をもつAIで宇宙があふれかえっていたとして、なぜそれらの機械が意識をもつ生物学的知性に価値を見出すと言えるだろうか？　意識をもたない機械は世界を経験することができず、そうした気づきが欠如しているため、時代遅れの生物に対して真に共感することができず、知的な関心すらもてないかもしれないのだ。

生物に学んだ超知能

これまで私は、超知能をもつ地球外生命体の心の構造について、ほとんど言及してこなかった。そして、「超知能とは定義上、あらゆる領域において人間を凌駕している知能である」ということ以外に言えることはほとんどない。重要な点は、超知能をもつ地球外生命体がどのように思考するのかを予測したり、完全に理解したりするのは不可能であるということだ。それでも、少なくとも大まかには、いくつかの重要な特徴を突き止められるだろう。

ニック・ボストロムが最近出版した超知能に関する著書は、地球上の超知能の発展に焦点を当てたものだが、彼の思慮に富む議論を利用することはできる。ボストロムは、3種類に超知能を区別している。

1　高速スーパーインテリジェンス：高速な認知・知覚能力をもつ超知能。たとえば、人間の模倣やアップロードによってさえ、原理的には1時間で博士論文を書けるほど高速に動作しうる。

2　集合スーパーインテリジェンス：個々のユニットが超知能である必要はないが、それらの集合的パフォーマンスは、どのような人間の知能もはるかに上回る。

3　良質スーパーインテリジェンス：少なくとも人間の思考と同じ速さで計算し、あらゆる領域において人間を凌駕する。[11]

ボストロムは、この３種類の超知能のどれかが、ほかの一つ以上の超知能と同時に存在する可能性があると指摘している。

重要なのは、３種類の超知能が共通してもつ目標を、私たちは突き止めることができるのか、という問いだ。ボストロムは以下のような仮説を立てている。

直交仮説：知能と最終目標は直交する。つまり、「原理的には、おおよそあらゆるレベルの知能は、おおよそあらゆる最終目標とも組み合わせることが可能である[12]」。

簡単に言うと、ＡＩが賢いからといって、広い視野をもつとは限らないということだ。超知能をもつ存在の知能はいつでも、不条理な目的のために発揮されうる（これは大学の学内政治を彷彿させるところがある。そこでは非常に多くの知能が、つまらない目標、もしくは邪悪な目標のためにさえ、無駄に使われることもある）。ボストロムは慎重であるため、想像もつかないほど多くの種類の超知能が開発される可能性があると強調する。彼は著書のなかで、ペーパークリップ工場を運営する超知能のハッとさせられる例を挙げている。その最終目標は、ペーパークリップの製造というありふれたものだ。[13]最初は無害な（とはいえ生きる価値があるとも言いがたい）努力であるように思われるかもしれない。ハッとさせられる指摘とは、超知能がこの目標のために地球上のあらゆる形態の物質を利用し、その過程で生物学的な生命を一掃する可能性があることだ。

ペーパークリップの例は、超知能が本質的に予測不可能であり、私たちとは「極めて異質」な思考をする可能性を示唆している。[14]超知能の最終目標を予測することは難しいが、ボストロムは、どのような最終目標であれ、それを支えるいくつかの道具的な目標が存在するはずだと述べている。

道具的収束仮説：「人工知能エージェントが獲得すれば、さまざまな状況においてさまざまな最終目標が達成される可能性が高まる、という意味で「収束」する複数の道具的価値は同一視できる。これは、この種の道具的価値が、環境や状況に埋め込まれた広範囲にわたるエージェントによって追求される見込みが高いことを意味している[15]」

ボストロムが同一視する目標は、資源の確保、技術の完成、認知機能の強化、自己保存、目標と内容の整合性である（つまり、超知能をもつ存在にとっての未来の自分も同じ目標を追求し、達成するだろう）。彼は、自己保存には集団や個体の保存が含まれる可能性があること、ＡＩが奉仕するべき種の保存が優先される可能性があることを強調している。

超知能の地球外生命体の心については著書で特に何も述べていないが、ボストロムの議論は示唆に富んでいる。アップロードを含め、地球外生命体の脳をリバース・エンジニアリングしてつくられた地球外の超知能があるとしよう。これを「生物に学んだ超知能の地球外生命体」(biologically inspired superintelligent alien：ＢＩＳＡ）と呼ぶことにする。ＢＩＳＡは、もとになった生物種の脳から発展したものだが、そのアルゴリズムはモデルとなっている生物種からいつでも乖離する可能性がある。

ＢＩＳＡは地球外の超知能という文脈では特に興味深い。可能性のあるＡＩ全体のなかでも特別なグループに当たるからだ。もしボストロムの言うように、超知能をつくる方法が何通りもあるとすれば、超知能ＡＩは極めて多様で、互いにほとんど似たところがないことになる。ＢＩＳＡは、生物学的な起源をもつおかげで、超知能ＡＩのなかでも互いに最も似ていることが判明するかもしれない。言い換えるなら、ほかの超知能ＡＩが互いに似ても似つかないせいで、ＢＩＳＡが最もまとまりのあるグループとなる可能性がある。地球外の超知能のなかで唯一の一般的な形態になるかもしれないのだ。

ＢＩＳＡは銀河中に散らばっているうえ、数多くの種から生まれる可能性があるため、このグループについて、興味を引くようなことはあまり言えないのではないかと思うかもしれない。ＢＩＳＡは基本アーキテクチャを想像もつかないような無数の方法で変更したり、もととなった生物に由来する動機をプログラムによって抑制したりすることができるため、ＢＩＳＡに関する理論をつくっても意味がないと反論されるかもしれない。だが、ＢＩＳＡには、共通の認知能力と目標を生じさせる可能性がある二つの特徴があることに注目してほしい。

1　BISAは以下のような動機をもつ生物から発生している。食べ物を探す、怪我や捕食者を避ける、生殖する、協力する、競争するなど。

2　BISAがモデルにした生命体は、処理速度の遅さや身体の空間的制約といった生物学的な制約に対処するために進化してきた。

これらの特徴から、地球外の超知能生命体たちの多くに共通する性質が生じることがあるだろうか？　私はあると思っている。

一つ目の特徴について考えてみよう。生物学的な知的生命体は、自身の生存と生殖を最も重視する傾向があるため、BISAが自身の生存と生殖、少なくとも同朋の生存と生殖を最終目標とする可能性は高い。生殖に対する関心と、自由に使える膨大な計算資源をもっているとすれば、BISAは人工生命、さらには人工知能や超知能を備えた模造の宇宙をつくり上げるのではないだろうか。それらが「マインド・チャイルド」であることを意図してつくられた場合、一つ目の特徴に挙げた目標を保持しているだろう。

同様に、もし超知能が自身の生存を第一の目標にし続けるなら、アーキテクチャを根本的に変えようとはしないかもしれない。小さな改善を何度も繰り返しつつ、次第に個体を超知能へ近づける道を選ぶだろう。もしかするとＢＩＳＡは、人の同一性の問題についてよく検討したのち、その厄介な本質を理解し、「自分のアーキテクチャを根本的に変えてしまったら、もはや自分ではなくなるだろう」と考えるかもしれない。アップロードされた存在が、自身とアップロード前の生物は同一ではないと考えるとしても、生物学的存在だった頃に最も重要だった特性を変えたくないと思う可能性もある。すでに述べたように、アップロードされた存在は（少なくともアップロードの時点では）アップロード前の存在の同形体なので、少なくとも最初はそうした最も重要だった特性によって自分が自分であることを確認することになるからである。このように考える超知能は、生物学的な特性を保持する道を選ぶだろう。

二つ目の特徴を考えてみよう。ＢＩＳＡは自身のアーキテクチャを根本的に変えることは望まないかもしれないと述べたが、ＢＩＳＡやその設計者はそれでも、予測不可能なあらゆる仕方で、もとの生物モデルから脱却しようとする可能性もある。とはいえ、そうした場合にも保持していたほうが有利な認知能力がある。高度な生物学的知能がおそらくもっていて、超知能の最終目標と道具的目標の遂行を可能にするような認知能力である。また、BISAの目標を損なうことがないため、排除されないような特性を考えることもできそうだ。たとえば、次のようなものが予想される。

1「BISAを生み出した種の脳の計算構造を知ることで、BISAの思考パターンを推察できる可能性がある」。認知科学ではコネクトミクスという分野があり、脳の計算構造を理解する有力な手段の一つとなっている。これは、「コネクトーム」と呼ばれる脳の結合図や配線図を描くことを目的とした分野である[16]。あるBISAが、もとの種と同じコネクトームをもたない可能性は高いが、それでも一部の機能的・構造的な結合は保持されているかもしれないし、興味深い違いが見つかるかもしれない。まさにテレビドラマ『Xファイル』のような話だが、地球外生命体の解剖はかなり有益な情報を与えてくれる可能性があるのだ。

2「BISAは視点による変化のない表象をもつ可能性がある」。自宅の玄関のドアに向かって歩いていく場面を思い浮かべてみよう。あなたはこの道筋を何百回、何千回とたどっているが、厳密に言えば、まったく同じ位置どりを繰り返すことはできないので、毎回少しずつ違った角度からものを見ている。だが明らかに、その道筋は見慣れたものだ。それはあなたの脳が、高度な情報処理レベルにおいて、あなたが接する人や物体に対し、見る角度や立ち位置によって変化しない内的表象をもっているからである。たとえば、あなたの頭のなかには、どのドアの正確な見た目からも独立した、抽象概念としての「ドア」がある。

実際、カテゴリー化や予測を可能にするそうした表象がなければ、生物学的知能が進化するのは難しいように思える。[17] 移動可能なシステムには、常に変化する環境のなかで対象物を見分ける手段が必要となるため、変化しない表象が生じることになる。それが生物学的なシステムにそうした表象が備わっている理由だろう。移動可能である限り、あるいは遠隔で情報を送信するモバイル・デバイスをもつ限り、ＢＩＳＡが変化しない表象を放棄する理由はほとんどないように思われる。

３「ＢＩＳＡは言語に似た再帰的で組み合わせ可能な心的表象をもつ」。人間の思考には、組み合わせという極めて重要な特徴がすみずみまで行き渡っていることに注目してほしい。イタリアのワインのほうが中国のワインよりもおいしい、と考えたとしよう。あなたは過去に一度もそう考えたことがなかったかもしれないが、理解することはできた。重要なのは、思考が慣れ親しんだ構成要素からつくられ、規則に従って組み合わされている点である。この規則は、原始的な構成要素の組み合わせに適用され、それらの構成要素自体もまた文法的に組み合わされたものである。文法的な心的操作は極めて有益である。思考が本質的に組み合わせ的であるために、もともと備える文法と構成要素(たとえばワインや中国)の知識をもとに、文章を理解したり作成したりすることができるのだ。これと関連して、思考は生産的でもある。心が組み合わせ型の構文論をもつために、原理的には無限に異なる表象を受け入れたり、つくり出したりすることができるからだ。[18]

脳には組み合わせ型の表象が必要である。言語表現には無限の可能性があるが、脳の記憶領域には限度があるからだ。超知能のシステムであっても、組み合わせ型表象は役に立つだろう。超知能のシステムは、発話されたり書かれたりする可能性のあるすべての文章を保存できるほど広大な計算資源をもちうるが、生物学的脳が生み出したこうした驚異的な機能を手放すとは考えにくい。保存領域は有限であるはずで、そこにない文章でも存在する可能性はあるため、もし手放せば効率が落ちる結果になるだろう。

4「ＢＩＳＡは一つかそれ以上のグローバル・ワークスペースをもつ可能性がある」。ある事実を追い求めたり、何かに集中していたりするとき、脳はその感覚や認知の内容に「グローバル・ワークスペース」へのアクセスを許可する。グローバル・ワークスペースとは、より集中的な処理のために、注意システムや作業記憶システム、および脳内の大規模並列チャンネルに情報を一斉に送信する場所である。[19] それは、複数の感覚から得た重要な情報が同時に考慮される唯一の場所として機能する。生物が、すべてを考慮したうえで判断を下したり、利用可能なすべての事実を考え合わせて知的に行動したりできるのはそのおかげである。一般的に、ほかの感覚や認知能力と統合されていない感覚や認知能力をもつことは非効率となる。利用可能なすべての情報を検討したうえで立てる予測や計画のなかに、その感覚や認知能力から得た情報を加えることができないからだ。

5「ＢＩＳＡの心的プロセスは、機能を分割することで理解できる可能性がある」。地球外の超知能がどれほど複雑だとしても、機能分割の手法を使えば理解できるかもしれない。脳を計算主義的に理解する方法の重要な特徴とは、特定の認知・知覚能力を因果的に組織された部分に分割することで理解する点である。その部分もまた、それを構成する部分の因果的な組織化という観点から理解される。これが、認知科学における重要な説明方法でもある機能分割の手法である。複雑な思考を行う機械が、因果的な相互関係をもつ諸要素（それらの諸要素もまた、因果的に組織化された要素で構成されている）からなるプログラムをもたないとは考えにくい。

要するに私たちは、超知能ＡＩの処理をいくらかは理解できるかもしれず、認知科学の発展により、ある種のＢＩＳＡの複雑な精神生活をかすかに理解できるようになる可能性がある。とはいえ、超知能はそもそも、あらゆる領域において人間よりも勝っている。生物の場合は、私たちにも基本的には理解できる程度の優れた処理能力をもつ可能性があるが、超知能の場合は、あまりに高度すぎて私たちにはその計算がまったく理解できない可能性があるのだ。アーサー・C・クラークが言うように、真に発達した文明は、魔法と見分けがつかないような技術をもつようになるのかもしれない[20]。

この章では、地球から遠く離れて、マインド・デザインの問題を宇宙規模の文脈のなかに位置づけてみた。そして、私たち地球人が今日直面している問題は、地球に限った話ではないかもしれないことを説明した。実際、地球上の超知能に関する議論は、認知科学の研究と組み合わせると、地球外の超知能の心がどのようなものであるかを推測するために役立った。また、本書の前半に登場した人造の意識に関する議論が、同様に関連していることもわかった。

地球外の文明が自分たちの心を強化する技術を開発したとき、その文化もまた、先述した人の同一性に関する厄介な問題に直面するかもしれないことは、注目に値する。もしかすると、技術的に最も進んだ文明とは、マンディクが示唆した通り、形而上学的に最も大胆な文明なのかもしれない。そうした文明の超知能は、存続を懸念して自身の機能強化を止めるようなことがなかったのだ。そうでなければ、人の同一性に関する懸念はあったが、賢い(あるいはそれほど賢くない)抜け道を見つけたのかもしれない。

次の章では、地球に再び降り立ち、パターン主義に関連した問題を掘り下げよう。いまこそ、トランスヒューマニズムと融合楽観主義の根底にある支配的な心の捉え方を検討するときだ。これまで多くのトランスヒューマニスト、心の哲学者、認知科学者たちは、心はソフトウェアであるという捉え方を訴えてきた。それはたいてい、「心は脳が実行するソフトウェアである」というスローガンによって表されている。しかしいま、ここで問わねばならない。心の本質のこうした捉え方は、本当に正しいのだろうかと。もしこの宇宙が地球外の超知能で満たされているなら、心がソフトウェアかどうかを考えることは、なおさら重要だと言える。

第8章

心はソフトウェア・プログラムなのか?

脳はプログラムのようなものだと思う。〔中略〕そのため理論的には、コンピューターに脳をコピーして、ある種の死後の世界を生きることが可能なのだ。

――スティーヴン・ホーキング[1]

ある朝、私は『ニューヨーク・タイムズ』紙の記者からの電話で起こされた。その記者は、23歳にして脳腫瘍で亡くなったキム・スオジについて話したかったらしい。大学で認知科学を専攻していたキムは、神経科学分野の大学院に進学したがっていた。だが、わくわくするような新しいインターンに採用されたことがわかった日、自分が脳腫瘍に侵されていることも知った。キムはフェイスブックにこう投稿した。「よいニュース：行動神経科学センターのBRAINサマー・プログラムに採用された。〔中略〕悪いニュース：私の脳（BRAIN）に腫瘍ができた[2]」

キムとボーイフレンドのジョシュは大学で、トランスヒューマニズムに対する情熱を分かち合っていた。従来の治療が失敗に終わると、二人は人体冷凍術に興味を示した。死亡時に脳を超低温で保存する医療技術である。キムとジョシュは、死の恐怖を一時的

アルコー延命財団にてインタビューを受けるキム・スオジ。傍らの容器には現在、キムやほかの人たちが冷凍保存されている。（アルコー延命財団提供）

なものにしたかったのだ。二人は遠い未来、脳腫瘍の治療法と、冷凍保存された脳を復活させる手段ができたときに、キムの脳が蘇る可能性に賭けていた。

そこでキムは、アリゾナ州スコッツデールにある非営利の人体冷凍保存センター、アルコー延命財団に連絡した。また、オンラインのキャンペーンを立ち上げ、脳の冷凍保存に必要な8万ドルを集めることにも成功した。最もよい状態で冷凍保存できるように、キムは最期の数週間をアルコー延命財団の近くで過ごすよう勧められた。そのため、キムとジョシュはスコッツデールのホスピスに移った。最期の数週間、キムは死を早めるために食べ物と水を断った。死を早めれば、腫瘍がキムの脳をこれ以上荒らすこともなくなるからだ。[3]

人体冷凍術は論争の的となっている。冷凍保存は、人間の胚や動物の細胞を30年にわたって長期保存するために、医学分野で用いられている技術である。[4] しかし、脳の冷凍保存はまだ始まったばかりであり、今日の初歩的な技術で保存された人が果たして復活できるのかどうかはわからない。キムとジョシュはそれでも、メリットとデメリットを慎重に比較検討していた。

キム本人は知る由もないことだが、悲しいことに、キムの冷凍保存はうまくいかなかった。脳のスキャン結果が出たとき、おそらくは局所貧血による血管障害のために、凍結保護剤が脳の外側部分にしか届いておらず、残りの部分は凍結による損傷を受けやすい状態になっていることが判明したのだ。[5]『ニューヨーク・タイムズ』の記事を書いたエイミー・ハーモンは、このダメージを考慮して、脳のアップロード技術が使えるようになったら、キムの脳をコンピュータープログラムにアップロードすることを検討した。彼女が言う通り、脳を冷凍保存する取り組みの一部は、脳の神経回路をデジタル保存する手段として、アップロードに目を向け始めている。[6]

ハーモンは、アップロード技術がキムだけでなく、より一般的に、冷凍保存や病気で脳の大部分を損傷し、生物学的な復活が不可能になった患者たちの役に立つかもしれないと論じる。この考え方によれば、キムの場合、脳の損傷した部分をデジタル技術で修復できることになる。つまり、キムの脳がアップロードされたプログラムには、欠けている部分が担うはずだった計算を行うアルゴリズムが含まれる可能性がある。そして、このコンピュータープログラムが、キム本人とみなされるはずだという。[7]

なんてことだ、と私は思った。キムより少し年下の娘をもつ身として、その夜はなかなか寝つけなかった。私はキムの夢を見続けた。癌に命を奪われただけでもう十分だ。冷凍保存して生き返らせるのも、一つの方法ではある。その実現には科学的な障害があり、キムもそのリスクを承知していた。だが、アップロードはまったく別の話だ。なぜアップロードが「復活」の手段とみなされるのか？

キムの例は、脳の抜本的な強化という抽象的な話に、大きな現実味を与えてくれる。トランスヒューマニズム、融合楽観主義、人工意識、ポスト生物学的な地球外生命体。

これらはどれも、SFの話のように思える。だがキムの例は、この地球上でも、こうした考え方が人々の生き方を変えていることを示している。スティーブン・ホーキングの発言は、今日広まっている心の捉え方である「心はプログラムである」を反映したものだ。『ニューヨーク・タイムズ』の記事も、キム自身がそのような心の捉え方をしていたと報じている。[8]

しかし、本書の第5章と第6章では、アップロードはとても実現しそうにないと主張してきた。人の同一性に関するどの主義からも十分な支持を得られていないように思えるのだ。修正パターン主義ですら、アップロードを支持できなかった。アップロード後も存続するためには、脳のすべての分子に関する情報がコンピューターに送られ、ソフトウェア・プログラムに変換されるという尋常ではないプロセスを経て、心が脳外の新しい場所に移らなければならない。私たちが日常で目にする物体は、このように時空を飛び越えて新しい場所に「ジャンプ」することはない。あなたの脳の分子が一つもコンピューターに移動しないのに、どういうわけか、まるで魔法のように、あなたの心がコンピューターのなかに移るはずだというのだ。[9]

これは不可解なことだ。こうした方法で移動するためには、心が通常の物理的な物体とは根本的に異なるものでなければならない。私のコーヒーカップは、目の前のノートパソコンの隣に置かれている。それが動くときは、連続した時空経路をたどる。解体され、測定されて、地球のどこかでその測定値を反映した新しい部品から組み立てられるわけではない。もしそのようなことがあったとしても、同じカップではなく、レプリカだとみなされるだろう。

さらに、重複問題を思い出してほしい（第6章参照）。たとえば、あなたがアップロードを試みるとして、より高度なアップロードの手法によって、脳と身体がスキャン後も存続するシナリオを考えてみよう。アップロードされた情報が、人間のあなたそっくりのアンドロイドの身体にダウンロードされたとする。気になったあなたは、バーでそのアンドロイドと面会することにする。そして、アンドロイドの片割れと一緒にワインをちびちび飲みながら、どちらが本当のオリジナルなのか、つまりどちらが本物の「あなた」なのかを議論する。アンドロイドは、自分こそ本物のあなただと力説する。なぜなら、あなたの記憶をすべてもっているし、スキャンを受けた外科手術の始まりさえ覚えているからだという。あなたのドッペルゲンガーは、自分に意識があるとも主張する。アップロードが極めて正確であれば、意識を含んだ精神生活をもつ可能性は十分にあるので、これは本当かもしれない。だからといって、それがあなたであることにはならない。あなたはバーでその真向かいに座っているのだから。

加えて、本当にアップロードされた場合、原理的には同時に複数の場所にダウンロードできるようになるはずだ。では、あなたのコピーが１００回ダウンロードされたとしよう。すると、あなたは「幾重にも存在する」ようになる。つまり、同時に複数の場所に存在することになるのだ。これは自己の捉え方としては異常である。物理的な物体は、異なる時間、異なる場所に存在することはできるが、同時に存在することはできない。私たちは生きていて、意識をもつという特別な種類の存在ではあるが、おそらく物体でもある。人間が、肉眼で見える物体の一般的性質における例外であるならば、とてつもない形而上学的な幸運だろう。[10]

脳のソフトウェアとしての心

このように考えると、私は大まかにはトランスヒューマニスト的な考え方をしているものの、デジタル化による不死という誘惑を否定したい気持ちになる。しかし、ホーキングやほかの人たちの言っていることが正しかったとしたらどうだろうか？　心が本当にある種のソフトウェア・プログラムで、私たちが幸運な存在であるとしたら？

映画『トランセンデンス』のなかで、アップロード技術を開発し、自ら最初の被験者となった科学者ウィル・キャスターに、前節で生じた疑問を投げかけたとしよう。コピーはオリジナルと同一ではないと告げるのだ。さまざまなコンピューター上で動作する単なる情報の流れが、本物のキャスターであるはずがない、と。キャスターは以下のように反論するだろう。

「ソフトウェア的反論」。心のアップロードとは、ソフトウェアのアップロードのようなものだ。ソフトウェアは、遠く離れた場所に数秒でアップロードしたりダウンロードしたりすることができ、同時に複数の場所にダウンロードすることも可能だ。私たちは普通の物理的物体とはまったく異なっている。つまり、私たちの心はプログラムなのだ。そのため、理想的な状態で脳をスキャンすれば、その過程で神経の構成（あなたの「プログラム」ないしは「情報パターン」）もコピーされる。あなたのパターンが存続する限り、あなたはアップロード後も存続できるのだ。

ソフトウェア的反論は、心の本質について認知科学や心の哲学の分野で現在大きな影響力をもつ捉え方から導き出されたものだ。心をソフトウェア・プログラム、すなわち脳が実行するプログラムとする捉え方がそれである。[11] この立場を「ソフトウェア説」と呼ぼう。融合楽観主義者の多くは自らのパターン主義に加え、ソフトウェア説にも訴えている。たとえば、コンピューター科学者のキース・ワイリーは、私の見解への反論として、以下のように書いている。

心はまったく物理的な物体ではないため、物理的な物体の性質（時空的連続性）が必ずしも当てはまるわけではない。心は数学者やコンピューター科学者が「情報」と呼ぶものに似ている。簡単に言えば、無作為ではないデータのパターンである。[12]

これが正しいとすれば、心をアップロードして、異なる種類のさまざまな身体にダウンロードすることが可能となる。そうした様子は、ルーディ・ラッカーのディストピア小説『ソフトウェア』のなかで鮮やかに描かれている。小説では、登場人物がまともなダウンロードに払うだけのお金を工面できず、自暴自棄になって自分の意識をトラックに投げ捨てる。確かに、アップロードされた心をダウンロードする必要すらないのかもしれない。名作映画『マトリックス』のように、コンピューター・シミュレーションのどこかに存在するだけということもありうる。この作品の悪名高き悪役スミスは身体をもたず、巨大なコンピューター・シミュレーションであるマトリックスのなかだけに存在する。スミスは特に強力なソフトウェア・プログラムであり、主役たちを追ってマトリックスのどこにでも出現するだけでなく、同時に複数の場所に存在することもできる。作品中のさまざまな場面で、主人公のネオは、自分が何百人ものスミスと戦っていることに気がつく。
これらのＳＦが物語るように、ソフトウェア説はインターネット世代に自然に受け入れられている。実際、この説に関する詳しい解説では、「ダウンロード・データ」「アプリ」「ファイル」といった言葉を使って心が説明されることもある。スティーヴン・メイジーは、ウェブサイト「ビッグ・シンク」上で次のように述べている。

おそらく、ハードドライブのクラッシュで死なないように、あなたは脳ファイルをドロップボックスに保存したいと思うだろう（そう、ストレージを買い足す必要はある）。適切なバックアップがあれば、シュナイダー博士が言うように「死を避けられない身体から切り離されて」、あなた自身か、あなたの電子バージョンは永遠に、そうでなくても極めて長い期間、生き続けることができるのだ。[13]

パターン主義の支持者としてはほかに、神経科学者で脳保存財団代表のケン・ヘイワースがいる。私のパターン主義批判に苛立っている人物である。彼にとって、心がプログラムであることは自明であるらしい。

賢い人たちが哲学的な罠にはまり続けているのを見て、いつも呆然としてしまう。あるロボット（たとえばＲ２Ｄ２）のソフトウェアと記憶装置をコピーして、新しいロボットの身体に搭載する話をしているときに、それが「同じ」ロボットかどうかを哲学的に気にすることがあるだろうか？　もちろんない。古いノートパソコンから新しいノートパソコンにデータをコピーする際、何も心配しないのと同じだ。同じデータとソフトウェアが入った二つのノートパソコンがあったとして、一方がもう片方のＲＡＭに「魔法のように」アクセスできるかどうか、私たちが問うことがあるだろうか？　もちろんそんなことはない。[14]

それなら、ソフトウェア説は正しいのだろうか？　いや、心をソフトウェアとして捉える見方は、大きな間違いを犯している。確かに、脳とは計算的なものだ。それは私もかなり気に入っている認知科学上の研究パラダイムである（たとえば、私の著書『思考の言語』参照)。ソフトウェア説が脳に対する計算主義的なアプローチの要であるかのように扱われることもよくあるが、脳に対する計算主義的なアプローチは、心の本質に対する多くの形而上学的アプローチと両立するものである。[15] そして、この後すぐに説明するが、私たちは心や自己がソフトウェアであるという考え方をするべきではないのだ。

批判に入る前に、ソフトウェア説の重要性についてもう少しだけ述べておこう。この説が重要である理由は少なくとも二つある。第一に、ソフトウェア説が正しいとすれば、パターン主義は第5章と第6章で示した以上の説得力をもつだろう。パターンの変化が人の存続と両立する場合と両立しない場合の判断など、ほかの問題は残るものの、時空的な不連続や重複といった私の反論は無効になる。

第二に、もしソフトウェア説が正しければ、心の本質を説明できるようになるため、すばらしい発見となるだろう。特に、「心身問題」として知られる哲学の中心的な問題が解決される可能性がある。

心身問題

あなたは大事なプレゼンの直前に、カフェで勉強しているとしよう。その一瞬一瞬に、あなたはエスプレッソを味わい、不安に駆られ、アイデアを練り、エスプレッソマシンのうなり声を聞く。これらの思考の本質とは何だろうか？　単にあなたの脳の物理的状態によるものだろうか、もっと別の何かによるものなのだろうか？　同様に、心の本質とは何だろうか？　単なる物理的なものだろうか、あるいは脳内の粒子の構成を超えた何かなのだろうか？

これらの問いは、心身問題を提起するものである。科学の調査対象となる世界のどこに心理を位置づけるか、という問題だ。心身問題は、前に述べた意識のハード・プロブレムと密接に関連している。なぜ物理的なプロセスが主観的な感覚を伴うのかという謎である。とはいえ、意識のハード・プロブレムが意識に焦点を当てる一方、心身問題では無意識の心的状態も含む、より一般的な心的状態に焦点が当てられる。そして、なぜそのような状態が存在しなければならないのかを問うのではなく、それらが科学の調査対象とどのような関係にあるのかを見極めようとしている。

心身問題をめぐる現代的な議論は50年以上前に始まったが、いくつかの古典的な立場はソクラテス以前の古代ギリシア時代には生まれていた。ところが、この問題はまったく簡単にならない。確かに、興味深い解決策はいくつかある。しかし、人の同一性の議論と同様、議論の余地がないような解決策は見当たらない。では、ソフトウェア説はこの古典的な哲学の問題を解決するだろうか？　この問題に関する影響力のある立場をいくつか確認し、ソフトウェア説と比べるとどうなるか見てみよう。

汎心論

汎心論は、現実に存在する最も微小な物体ですら経験をもつとする立場であることを思い出してほしい。素粒子は極めて小さい意識レベルをもっており、かなり薄まってはいるが、経験の主体である。多数の素粒子が、たとえば神経系を構成しているときのように、極めて精巧に組み合わさっている場合、より洗練されたわかりやすい形の意識が生まれるという。汎心論は一見すると異様だが、汎心論者は、自分たちの理論は実際に基礎物理と調和していると反論するだろう。経験とは、物理学が特定する性質の根底にあるものだからである。

実体二元論

この古典的な考え方によると、実在は二種類の実体から構成されている。物理的なもの（たとえば、脳、岩、身体など）と非物理的なもの（すなわち、心、自己、魂）である。非物質的な心や魂が存在するという見方は直感的には受け入れられないかもしれないが、科学だけでそれを否定することはできない。哲学の世界で最も影響力のある実体二元論者ルネ・デカルトは、少なくとも人が生きている間は、非物理的な心の働きは脳の働きと対応すると考えていた。[16] 現代の実体二元論者には、洗練された非有神論的な立場と、同じく洗練された興味深い有神論的な立場がある。

物理主義（唯物論）

物理主義については、第５章で少し触れた。物理主義によれば、心は実在のほかのものと同様、物理的なものである。すべてのものは、物理学で説明されるもので構成されているか、物理学理論に登場する基本的性質、法則、物質である(物理主義者はこの「物理学理論」という言葉を、それが何であれ、完成された物理学によって解明される万物についての最終理論の内容という意味で用いる傾向がある)。非物質的な心や魂は存在せず、私たちの思考のすべては究極的には物理現象にすぎないというわけだ。こうした立場は「唯物論」と呼ばれてきたが、現在では「物理主義」と呼ばれることが多い。実体二元論が主張する非物質的なものという二つ目の領域がないので、物理主義は通常、ある種の一元論とみなされる。つまり、実在の基本カテゴリーは一つしかなく、物理主義の場合、物理的存在というカテゴリーしかないということだ。

性質二元論

この立場の出発点は、意識のハード・プロブレムである。性質二元論の支持者は、「なぜ意識は存在する必要があるのか?」という問いに対する最も適切な答えは、「意識が特定の複雑なシステムの基本的特徴だから」だと考えている(典型的には、こうした特徴は生物学的な脳から生まれるが、いつか人造の知能も同じ特徴をもつようになるかもしれない）。実体二元論者と同じく、性質二元論者は、実在は二つの異なる領域に分かれると主張する。だが、性質二元論者は、魂や非物質的な心の存在を否定する。思考システムは物理的なものだが、非物理的な性質（ないしは特徴）をもっているのだという。この非物理的な特徴は、物理的な特徴と並んで実在を構成する基礎となるものだが、汎心論のような微小物ではない。あくまで、複雑なシステムに備わる特徴なのだ。

観念論

観念論は、ほかの立場に比べると人気がないが、歴史的には重要なものである。観念論者は、実在とは根本的には心のようなものだと考える。観念論者のなかには汎心論者もいるが、汎心論者は、実在には単なる心や経験以上のものがあると主張して、観念論を否定することもできる。[17]

心の本質については、多くの興味深い考え方があるが、ここでは最も影響力が大きいものを取り上げた。心身問題の解決策についてもっと詳しく知りたい読者には、優れた入門書が何冊かある。[18] さて、いくつかの立場を確認したところで、ソフトウェア説の評価に話を戻そう。

ソフトウェア説を評価する

ソフトウェア説には最初から二つの欠陥があるが、私はどちらも修正可能だと考えている。第一の問題は、すべてのプログラムが心をもつわけではない点だ。スマートフォンに入っているアマゾンやフェイスブックのアプリは、少なくとも私たちが考える普通の意味では心をもたない（つまり、脳のような極めて複雑なシステムがもつ「心」はない）。心がプログラムだとすれば、それは心理学や神経科学などでは説明が難しい複雑さが何層にも重なった、非常に特殊なプログラムということになる。第二の問題は、すでに見てきたように、意識が私たちの精神生活の中心である点だ。経験する能力がないゾンビ・プログラムは、心をもたないことになる。

ただ、これらの欠陥は決定的な反論にならない。ソフトウェア説の支持者がこれらの批判の片方、あるいは両方を認めるとしても、ソフトウェア説を修正できるからだ。たとえば、両方の批判を認める場合、以下のようにソフトウェア説を限定することができる。

心とは、意識経験をすることができる非常に高度な種類のプログラムである。

だが、細かい条件をつけ足すだけでは、私がこれから提起する、さらに根深い問題に対処することはできない。

ソフトウェア説の妥当性を判断するために、「プログラムとは何か？」と問うてみよう。プログラムとは、２２９ページの画像のような、コンピューター・コードで書かれた命令リストのことだ。コードは、コンピューターにどのような作業をさせるかを指示する命令であり、プログラミング言語で書かれている。ほとんどのコンピューターは複数のプログラムを実行することができ、同じく新しい機能をコンピューターに追加したり、コンピューターから削除したりすることもできる。

コードは、数学の方程式のようなものだ。極めて抽象的で、身の回りの具体的な物理的世界とはまったく対照的である。石を投げたり、コーヒーカップを持ち上げたりすることはできるが、方程式を投げることはできない。方程式は抽象的な存在であり、時間や空間のなかに位置づけられるものではないのだ。

プログラムが抽象的なものであることがわかれば、ソフトウェア説の重大な欠陥を指摘することができる。心がプログラムだとすると、それはプログラミング・コードで書かれた長い命令の列にすぎないことになる。ソフトウェア説は、心とは抽象的存在だと述べている。だが、これが何を意味するか考えてみてほしい。数学の哲学という分野では、方程式、集合、プログラムといった抽象的存在の本質を扱う。抽象的存在とは、「具体的でない」とされるものだ。すなわち、「空間的でも、時間的でも、物理的でも、因果的でもない」ものである。「5」という文字はこのページ上にあるが、実際の数字は、書かれた文字とは違ってどこにも存在しない。抽象的存在は、時間のなかにも空間のなかにもなく、物理的な物体でもなく、時空的多様性のなかで生じる出来事の原因に

もならない。

それなら、どうして心が方程式や数字の２のような抽象的存在になりえようか？　これはカテゴリー錯誤であるように思える。私たちは空間的存在であり、因果関係の主体である。私たちの心の状態は、具体的なものの世界で私たちの行動を引き起こす原因である。そして私たちにとって、瞬間とは過ぎ去るものだ。つまり、私たちは時間的存在である。よって、心はプログラムのような抽象的存在ではない。プログラムも世界のなかで行動できるではないかと思うかもしれない。たとえば、前回コンピューターがクラッシュしたときはどうだっただろうか？　プログラムがクラッシュを引き起こしたのではないか？　だが、そう考えるのは、プログラムと、インスタンス化されたプログラムの一つを混同しているせいだ。たとえば、ウィンドウズが起動しているとき、ウィンドウズのプログラムは、特定のマシン内部の物理的状態によって実行されている。クラッシュするのは、そのマシンと、それに関連したプロセスである。私たちはプログラムがクラッシュすると表現しているかもしれないが、よく考えれば、アルゴリズムやコード（つまりプログラム）が文字通りクラッシュしたり、クラッシュを引き起こしたりするわけではない。特定のマシンの電子的な状態がクラッシュを引き起こしているのだ。すなわち、心はプログラムではない。それに、心のアップロードが、キム・スオジャやほかの人たちが存続するための真の手段であることを疑う理由はまだある。本書の後半で強調してきたように、時間を超えて持続する自己があるとして、たとえ人間の脳を完全にアップロードする技術が開発されたとしても、長寿と知的能力向上のためには、脳の機能を徐々に修復し、慎重に進める生物学的な機能強化のほうが安全である。融合楽観主義者は、心理学的連続性の急激な変化や、人の素材の抜本的な変更を推奨しがちだが、少なくとも持続する自己のようなものを信じるなら、どちらの種類の強化もリスクが高いように思える。

ソフトウェア説の抽象的な性質に関する話ではなかったが、私はこのことを本書の第5章と第6章でも強調した。そこでの私の警告は、人の本質について対立し合う理論があるとすればどれが正しいか、という形而上学の論争に由来したものだった。そのため、抜本的な強化、あるいは中程度の強化が人の存続と両立するのかどうかについては、宙に浮いたままになっていた。いまなら、人の存続に関するパターン主義に欠陥があるのと同じように、同類のソフトウェア説にも問題があることがわかる。前者は人の本質についての私たちの理解に反するし、後者は抽象的なものに対して、それがもっていないはずの物理的な意味をもたせてしまうのだ。

しかし、私がソフトウェア説を否定したからといって、一定の結論を導き出さないように注意したい。すでに指摘したように、認知科学における心への計算主義的なアプローチは、優れた説明上の枠組みである。[19] だが、それは心がプログラムであるという見方を必ずしも伴うものではないのだ。ネッド・ブロックの高名な論文「脳のソフトウェアとしての心」について考えてみよう。[20] 私が明らかに同意できないタイトルはさておき、この論文は、脳は計算的であるという考え方の多くの重要な側面を鋭く説明している。まず、知能や作業記憶のような認知能力は、機能分割の手法で説明できること。心的状態はさまざまな方法で実現可能であること。そして脳は、意味論的エンジンを駆動する統語論的エンジンであること。ブロックは、心への計算主義的なアプローチの主要な特徴を分離することによって、認知科学における説明の枠組みを正確に表現している。しかし、そのいずれも、心がプログラムであるという形而上学的な立場を伴うものではない。

そうしたわけで、ソフトウェア説は現実味のある立場ではない。けれども、トランスヒューマニストや融合楽観主義者が、心の本質について、より見込みのある計算主義的なアプローチを示せるのかどうか、あなたは気になるかもしれない。実は、私にはさらなる提案がある。心はプログラムそのものではないが、プログラムのインスタンス化(プログラムが一定の方法で実行された形)であるという、トランスヒューマニストに影響を受けた考え方を提示することはできると思う。そこで、この修正された考え方が、標準的なソフトウェア説よりも優れているかどうかを検討する必要がある。

データ少佐は不死になりえるか？

『新スタートレック』に登場するアンドロイドのデータ少佐について考えてみよう。データ少佐が不運にも、敵対する惑星でエイリアンたちに囲まれ、破壊されそうになっているとしよう。最後の苦肉の策として、彼は急いで自分の人工の脳を宇宙船エンタープライズのコンピューター上にアップロードする。彼は生き延びるだろうか？　そして、窮地に陥るたびにいつもこれを実行すれば、不死になるのだろうか？

データ少佐の心も、ほかの誰の心もソフトウェア・プログラムではないという私の考えが正しいなら、これはアップロードされたものを含めたＡＩが不死、というより「機能的不死」と呼べる状態を達成できるのかどうか、という問題に関係がある（「機能的不死」と書いたのは、宇宙が最終的にいかなる生命も逃れられない熱力学的な死を迎える可能性もあるからだ。だが、以下ではこの用語上の問題は無視することにする）。

一般的に、ＡＩは自らのバックアップをつくり、事故が起こった際に意識を別のコンピューターへ転送することで、機能的不死を達成できると思われている。こうした見方はＳＦ作品によって助長されているものの、私は間違いではないかと考えている。人間が自らをアップロードしたりダウンロードしたりすることで、機能的不死を達成できるのかどうかが疑わしいように、ＡＩが本当に存続するのかどうかも疑問である。個別の心がプログラムや抽象物ではなく、具体的な存在である限りは、個別のＡＩの心も、私たちと同じように事故による破壊や部品の緩やかな劣化の影響を受けるからだ。

これは自明とは言いがたい。だがここで、「ＡＩ」が特定のＡＩ（個別の存在）を指すのか、あるタイプのＡＩシステム（抽象的存在）を指すのかが不明確であることに注目すれば、理解の助けになる。たとえるなら、「シボレー・インパラ」は、あなたが大学卒業後に買ったおんぼろの車を意味するかもしれないし、車のタイプ（メーカー名とモデル名の組み合わせ）を意味するかもしれないということだ。車のタイプは、あなたの車が廃車になり、部品として売られた後も変わらず存続し続ける。そのため、「存続」に関する主張を曖昧にしないことが重要なのだ。プログラムのタイプを「心のタイプ」とみなすならば、それはアップロードによって「存続する」と言えるかもしれない。ただし、それは次の二つの薄められた意味でのことである。第一に、少なくとも原理的には、アップロードされた脳の精度の高いコピーを搭載する機械は、アップロードの手続きによって破壊される前に脳が実行していたのと同じプログラムを実行することができる。よって、心のタイプは「存続する」と言える。ただし、意識をもつ存在は一つも存続しない。第二に、抽象的な存在としてのプログラムは、時間を超越している。それは時間的な存在ではないため、存在しなくなったりしない。だが、これは厳密な意味での「存続」ではない。つまり、このどちらの意味においても、個々の自己や心が存続するわけではないのだ。

これは非常に抽象的な話だ。データ少佐の例に戻ろう。彼は特定のＡＩであるため、破壊されてもおかしくない。同種のアンドロイド（個別のＡＩ）はほかにもいるだろうが、それらの存続がデータ少佐の存続を保証するわけではない。データ少佐と同タイプの心の「存続」が保証されるだけだ（括弧つきの「存続」としたのは、前述の薄められた意味での存続であることを示すためである）。

データ少佐は、敵対する惑星でエイリアンたちに囲まれ、破壊されそうになっている。彼は急いで自分の人工の脳を宇宙船エンタープライズ号のコンピューター上にアップロードする。彼は生き延びるか否か？　私の考えでは、データ少佐の心のタイプが別のインスタンス（哲学者風に言うなら「トークン」）によって、その特定のコンピューターで実行されることになる。再度アップロードを行う（そのトークンの心を別のコンピューターに転送する）ことで、そのトークンはコンピューターが破壊されても生き延びることができるか、と問うことも可能だろう。答えは「できない」だ。ここでもアップロードは、単に同じタイプの異なるトークンを生成するだけである。個体が存続するかどうかは、タイプ・レベルではなく、トークン・レベルでどういう状況にあるかによるからだ。

また、部品の耐久性が非常に高い場合、特定のＡＩが極めて長い期間生き続ける可能性があることも、強調しておくべきだろう。もしかするとデータ少佐は、事故を避け、消耗した部品を交換することで、機能的不死を達成できるかもしれない。この場合、データ少佐の存続は、ある物体から別の物体にプログラムを転送して起こるものではないため、私の考え方とも合致する。時間の経過とともに徐々に部品を交換することで人間が存続することを認めるなら、なぜＡＩについてもそれを認めないのだろうか？　もちろん、第5章で強調したように、脳の部位を交換してもその人は生き残るのかどうかについては議論の余地がある。それに、デレク・パーフィット、フリードリヒ・ニーチェ、ブッダらが述べた通り、自己は幻想かもしれない。

心はプログラムのインスタンス化なのか？

データ少佐に関する議論で私が一番言いたかったのは、存続とはトークン・レベルの事柄だということだ。だが、この意見をどこまで推し進められるだろうか？　すでに見てきたように、心はプログラムではないが、プログラムを「インスタンス化したもの」、つまりプログラムを実行したり、その情報のパターンを保存したりするものである可能性はあるのではないか？　プログラムをインスタンス化したものは具体的な存在である。それは典型的にはコンピューターだが、技術的には、プログラムのインスタンス化はコンピューターの回路だけでなく、プログラムが動作している際にコンピューターで起こっている物理的な出来事も含む。システム内の物質とエネルギーのパターンが、おそらく自明ではない仕方で、プログラムの諸要素（たとえば変数や定数）と対応するのである[21]。この立場を「心のソフトウェア・インスタンス化説」と呼ぼう。

心のソフトウェア・インスタンス化説（The Software Instantiation View of the Mind：SIM）
心はプログラムが動作中の存在である（この場合のプログラムとは、脳に実装されているアルゴリズムであり、原理的には認知科学で発見可能なものである）。

しかし、この新しい立場は、融合楽観主義者にはあまり役に立たない。「心は脳のソフトウェアである」というスローガンによって正しく言い表される見方ではないからだ。この説は、心はプログラムが動作中の存在だと主張している。SIMがソフトウェア説といかに違うかを見るために、SIMはキム・スオジがアップロード後も存続できるとは言わないことに注目してほしい。以前に取り上げた、時空的な不連続に関する懸念がここでも適用される。修正パターン主義と同様、アップロードされたものとダウンロードされたものはそれぞれ同じプログラムをもつが、オリジナルと同じ人物ではないのだ。

上記の定義では、プログラムは脳内で動作することになっているが、シリコン・ベースのコンピューターなど別の素材にまで範囲を容易に広げることができる。

心のソフトウェア・インスタンス化アプローチ（The Software Instantiation Approach to the Mind：SIM*）
心はプログラムが動作中の存在である（この場合のプログラムとは、脳やその他の認知システムに実装されているアルゴリズムであり、原理的には認知科学で発見可能なものである）。

SIM*は従来のソフトウェア説とは異なり、心を抽象的なものとして捉えるカテゴリー錯誤を回避している。だが、従来のソフトウェア説や関連するパターン主義の立場と同様、認知科学における脳の計算主義的アプローチから導き出されたものである。

ＳＩＭ*は心身問題に対する中身のあるアプローチを提供してくれるだろうか？　プログラムが動作中の存在（つまり心）の根底にある形而上学的な本質については、何も語られていないことに注目しよう。有益な情報が乏しいのだ。ソフトウェア・インスタンス化アプローチが、心の本質に関する有益な理論としての役目を果たすためには、先述した心の本質に関するさまざまな立場に立脚している必要がある。

たとえば、「汎心論」を考えてみよう。プログラムをインスタンス化したシステムは、独自の経験をもつ基本要素から構成されているのだろうか？　ＳＩＭ*はその答えを出していない。さらに、ＳＩＭ*は物理主義（すべてのものは物理学で説明できるものでできているか、物理学理論に登場する基本的性質、法則、物質であるとする考え方）とも両立する。

性質二元論も、プログラムをインスタンス化した心と両立する。たとえば、最も人気のある見方であるデイヴィッド・チャーマーズの自然主義的な性質二元論について考えてみよう。チャーマーズによると、「夕焼けの豊かな色合いを見る」「エスプレッソの香りをかぐ」といった特徴は、複雑な構造から生まれる性質である。汎心論とは違い、これらの基本的な意識の性質は、素粒子（あるいは超ひも理論の「ひも」）には見られない。基本的な意識の性質は、素粒子よりも高度なレベルにあり、高度に複雑なシステムに固有のものである。それでも、これらの性質は実在の基本的な特徴である。[22] よって、いかに洗練されようとも、物理学は不完全であり続けるだろう。物理的な基本的性質に加えて、新種の非物理的な基本的性質があるからである。プログラムが動作中のシステムは、非物理的であるがそれはそれで実在の基本的特徴である性質をもちうるので、SIM*はこの考え方と矛盾しないことがわかる。

実体二元論が、実在は2種類の実体から構成されていると主張していることを思い出そう。物理的なもの（たとえば、脳、岩、身体など）と非物理的なもの（すなわち、心、自己、魂）である。非物理的な実体は、プログラムが動作中の存在になりうるため、SIM*は実体二元論とも両立する。これは奇妙なように思えるかもしれないので、どうしてそうなるのかを考える価値はある。ただし、扱う実体二元論の種類によって、細かい点は異なる。

ある実体二元論者が、デカルトのように、心は完全に時空の外にあると言ったとしよう。デカルトによれば、生涯を通じて心は時空に存在しないが、心は脳の状態を引き起こしうるし、その逆も同様に起こりうる[23](どのような仕組みだろうか？ 残念ながらデカルトは現実味のある説明はしておらず、心と脳の相互作用は脳の松果体で起こるというありそうもない主張をしているにすぎない)。

心はプログラムが動作中の存在だという見方は、デカルト的二元論とどのように両立するのだろうか？ この場合、もし心がプログラムをインスタンス化したものであるならば、時空の外にある非物理的な存在となる。そして、この世に生きている間、心は脳の状態を引き起こすことになる(しかし、非物理的な心は、因果的・時間的な性質をもっており、抽象的な存在ではないことに注意しよう。空間的でないことは抽象的であるための必要条件だが、十分条件ではない)。このような考え方を「計算デカルト主義」と呼ぼう。奇妙に聞こえるかもしれないが、哲学者ヒラリー・パトナムのような機能主義者は、チューリングマシンの計算がデカルト的な魂に実装できることをずっと前から認めていた[24]。

計算デカルト主義が描く心と身体の因果関係の図式はややこしい。だが、心は時空的なものではないのに物理的な世界と何らかの形で因果関係があるとする従来のデカルト的見方も、ややこしいのは同様だった。

すべての実体二元論が、このように過激な見方をしているわけではない。たとえば、E・J・ロウが唱える非デカルト主義的な実体二元論について見てみよう。ロウは、自己は身体とは別個の存在だと考えている。だが、デカルトの二元論とは対照的に、ロウの二元論は、心が身体と分離可能であるとも、心が非空間的であるとも主張しない。心は身体なしには存在せず、時空的なもので、形や場所といった性質をもつ、という可能性を残しているのだ。[25]

なぜロウはこのような立場を取ったのか？　自己は異なる物理的素材をまたいで存続できるため、身体と異なる持続条件があると彼は考えたのだ。持続性に関するこうした主張に賛否両論があることはすでに見てきた。持続性について、ロウの洞察に賛同する必要はない。私の目的は、単にデカルト主義とは異なる実体二元論の立場を紹介することにある。ＳＩＭ*は非デカルト主義的な実体二元論と両立する。なぜなら、この種の非物理的な心も、プログラムをインスタンス化したものになりうるからだ。この立場では、心は自然界の一部であるため、デカルト主義よりも否定されにくい。ここでもまた、SIMは沈黙を守っている。

SIM*は、心は抽象的であるという説得力のない主張をあえてしていないものの、要するに、心とはプログラムが動作している何かであるということを除いては、心の本質についてほとんど何も語っていない。プログラムが動作することは、原理的には、デカルト的な心や、基本的な経験の性質からなるシステムなど、何によっても可能である。これではとても、心身問題に関する立場とは言えない。

SIM*の支持者はこの時点で、自分たちは形而上学的に中身のある別種の主張をしたいのだと言うかもしれない。時間の経過に伴う心の持続性に関する主張である。彼らはおそらく、以下のような見方をしているだろう。

> タイプTのプログラムをインスタンス化したものであることは、心の「本質的な性質」であり、それがなければ心は持続しない。

あなたがたまたまもっているだけの性質は、それを放棄してもなおあなたが存続できるものであることを思い出してほしい。たとえば、あなたは髪の色を変えてもよい。反対に、あなたの本質的な性質は、あなたの存続に欠かせないものだ。人の持続性に関する議論は、本書ですでに考察した。それと同じように、SIM*の支持者は、Tというプログラムをインスタンス化したものであることは、自分の心をもち続けるために必要不可欠であり、TがPという異なるプログラムのどこかに変化したなら、自分の心は存在しなくなると主張することができる。

この立場に説得力はあるだろうか？　一つの問題は、プログラムは単なるアルゴリズムであり、アルゴリズムのどこかが変われば、プログラムも変わるという点だ。脳のシナプスの接続は、新しいことを学ぶと、それに応じて常に変化する。新しいスキルなど、何かを学ぶことは、あなたの「プログラム」の変更につながるのだ。プログラムが変われば心は存在しなくなり、新しい心が始まることになる。日常的な学習が心の死につながるようなことはあってはならない。

しかし、SIMの支持者たちは、この反論に応答することができる。プログラムは歴史的な発展を示すことができると言えるからだ。すなわち、ある時点tにおけるプログラムはタイプT1のアルゴリズムで表現され、のちの時点ではT1の修正バージョンであるT2のアルゴリズムで表現される。厳密に言うと、T1とT2は少なくともいくつかの異なる命令から成り立っている別個のものだが、T1はT2の前身である。そのため、引き続き同じプログラムと言える。この見方では、人はプログラムをインスタンス化したものであり、プログラムは何らかの方法で変化しうるが、同じプログラムのままということになる。

川、流れ、自己

いま述べた考え方は、前述したトランスヒューマニストの「パターン主義」を、人はパターンではなくパターンを「インスタンス化したもの」であると修正したものにすぎないことに注目してほしい。本書では以前、「修正パターン主義」という似た考え方についても検討した。つまり、一周して戻ってきたわけだ。カーツワイルの発言を振り返ってみよう。

「私」とは言うなれば、小川の水が岩の間を勢いよく流れるときに生じる模様のようなものだ。実際の水の分子は１０００分の１秒ごとに変化するが、流れのパターンは数時間、ときには数年間も存続する。[26]

カーツワイルはもちろん、時間が経てばパターンが変わることを知っている。なにしろこの文は、シンギュラリティの時代にポストヒューマンになるという内容の著書から引用されたものだ。このカーツワイルの言葉には共感できるかもしれない。脳に変化があっても、重要な意味において、あなたは1年前のあなたと同じ人物だろう。そしておそらく、多くの記憶を失っても、あるいは作業記憶システムの強化などで新しい神経回路が追加されても、あなたは存続し続けるだろう。それなら、あなたは川や水の流れのようなものである。

皮肉なことに、川の比喩は、ソクラテス以前の哲学者ヘラクレイトスが、万物は流転するという考えを表現するために用いたものである。そこでは、持続する自己や心の永続性も含め、持続するものは幻想であるとされる。ヘラクレイトスは数千年前にこう書いている。「同じ川に二度足を踏み入れる人はいない。その川は同じ川ではなく、その人は同じ人ではないからだ[27]」

ところが、カーツワイルは、自己は変化の流転のなかでも存続するという。修正パターン主義者の課題とは、ヘラクレイトスの流転に抗うことだ。つまり、単なる幻想上の永続ではなく、絶え間ない変化を背に永続する自己が存在すると示すことである。修正パターン主義者は、常に変化し続ける体内の分子というヘラクレイトス的な流転に、自己が永続することを課すことができるのだろうか？

ここで私たちは、おなじみの問題にぶつかる。パターンの実装が持続する場合と持続しない場合についてしっかりと理解しない限り、SIMに訴える正当な理由がなくなる、という問題である。本書の第6章では、次のようなことを問いかけた。人が特定のパターンを実装したものだとしたら、そのパターンが変わるとどうなるのか？　その人は死ぬのか？　脳のアップロードのような極端な例では、答えは明らかだった。そして、ナノマシンで毎日細胞をメンテナンスし、ゆっくり進行する老化を克服するだけなら、人の同一性には影響しないだろう。だが、その中間に当たる例については、はっきりとしなかった。覚えておくべきは、超知能に至るまでには、中間的な強化を時間をかけて積み上げ、認知や知覚の構成を大きく変えることになる可能性が極めて高いという点だ。さらに、第6章で考察したように、その境界の選択は恣意的なものになるだろう。ひとたび境界がひかれると、境界を押し広げるべきであることを示す例が示されるからである。

そのため、ＳＩＭの支持者が心の持続性について判断するとき、お決まりの問題が頭をもたげることになる。私たちは完全に一周し、心や自己の本質に関する謎がいかに厄介で議論を巻き起こすものであるかを理解するようになった。そして、私が読者のみなさんを案内するのはここまでとさせていただきたい。心の未来について考えるには、これらの問題の形而上学的な深さを理解する必要があるからである。

さて、キム・スオジの例に話を戻して総括してみよう。

アルコーに戻る

キムが亡くなってから3年後、ジョシュはキムの特別な持ち物を集めてアルコーに戻った。生き返ったときのために、持ち物を見つけられる場所に置いておくという約束を果たそうとしたのだ[28]。正直に言うと、この章の結論が違うものであればよかったと、私は思っている。もしソフトウェア説が正しいとすれば、少なくとも原理的には、心はアップロード・ダウンロード・再起動することが可能である。そのため、望むなら脳の死後の世界が可能になる。キムのように脳が死んだ後も、心は生き続けられるのだ。だが、本書の考察では、ソフトウェア説が心を抽象的なものとして捉えていることが明らかになった。だから、心はプログラムをインスタンス化したものであるという関連する見方について考えた。ところが、そのＳＩＭもアップロードを支持しないことがわかった。興味深いアプローチではあるものの、形而上学的視点からすれば、心の本質に迫るアプローチとしてはあまりに情報が乏しいのだ。

キムの冷凍保存に関する詳細な医療記録を参照することはできないが、『ニューヨーク・タイムズ』の記事には希望を感じる部分もあった。脳画像によると、キムの脳の外側の層が、冷凍保存に成功していることを示す証拠があったのだ。記者のハーモンも指摘しているように、記憶や言語の鍵となり、私たち自身の中心を担っているのは脳の新皮質であると考えられている。[29] そのため、損傷した部位を生物学的に再建するのであれば、人の存続と両立する可能性がある。たとえば私が知っている範囲では、海馬を人工物で代替するための研究が現在でも活発に行われている。海馬のような部位はむしろ代替可能であり、生物学的な物質やＡＩベースの部品で置き換えても、その人自身は変わらない可能性がある。

もちろん、本書を通じて強調してきた通り、人の同一性の議論は複雑でさまざまな意見があるため、どうなるかは極めて不確かだ。だがキムの状況は、架空のマインド・デザイン・センターにふらっと立ち寄った買い物客のように、任意に脳を強化しようとする人と同じではない。強化メニューを吟味している買い物客は、リスクが大きすぎると思えば強化を気軽にやめられる。だが死の瀬戸際にいる患者や、冷凍保存から復活するために人工神経がどうしても必要な人は、ハイリスクな方法を追求しても失うものはほとんどなく、得るものはとても大きい。

非常時には非常手段が求められるのだ。技術が完成しさえすれば、キムの復活を促すために、一つかそれ以上の人工神経を用いる決断をすることは合理的だと思われる。それに対して、彼女の脳をアップロードすることが復活につながるかについては確証がもてない。少なくとも、存続の手段としてのアップロードは、欠陥のある概念的基盤の上に成り立っているからだ。

では、アップロード計画は廃止されるべきだろうか？　アップロード技術が、本来約束されるはずだったデジタル化による不死を実現できないとしても、人類に恩恵をもたらす可能性はある。たとえば、世界規模の大災害によって、地球は生物が生きられる場所ではなくなるかもしれない。そうなればアップロードは、人間そのものを維持する方法にはならなくても、人間の生き方や思考を維持するための方法にはなりうる。そして、これらのアップロードされたものが実際に意識をもつならば、人類が滅亡の危機に直面したとき、人類にとって価値あるものになるかもしれない。また、アップロードされたものがたとえ意識をもたなくとも、宇宙に知的な存在を送る場合、人間の心のシミュレーションを宇宙旅行に使うほうが、生身の人間を送るよりも安全で効率的だろう。一般の人々は、ロボットを宇宙に送るほうが効率的に思える場合でも、有人ミッションのほうにわくわくする傾向にある。おそらく、アップロードされた心を使えば、大衆は熱狂するだろう。そして、これらのアップロードされた心は、荒涼とした世界をテラフォーミングし、生物学的な人間のために地形を整えさえするかもしれない。どうなるかはわからないが。

それに加えて、脳のアップロードは、人間や人間以外の動物に有益な脳の治療や機能強化の開発を促進するかもしれない。脳の一部や全部をアップロードすることで、生物学的な脳のエミュレーションをつくり出し、そこから学ぶことができるからだ。人間の知能レベルに匹敵するＡＩをつくろうとしているＡＩ研究者にとっては、それがＡＩ開発の有用な手段になる可能性もある。もしかすると、私たちから派生したＡＩは、私たちに対して好意的になる可能性が高くなるのかもしれない。

最後に、当然のことながら、人間のなかには自分のデジタルな複製がほしいと考える人もいる。まもなく死ぬとわかれば、あなたも子どもたちと話をしたり、大切な計画をやり遂げたりするために、自分のコピーを残したいと思うかもしれない。実際、未来のＳｉｒｉやアレクサといったパーソナル・アシスタントは、私たちが深く愛した故人のアップロードされたコピーになる可能性がある。また、私たちの友人は、私たちを深く理解してくれるように調整された私たち自身のコピーになるかもしれない。そして私たちは、これらのデジタル・コピー自体が、尊厳と敬意をもって扱われるべき、快や苦を感じる存在であることに気づくことになるのかもしれない。

終章
脳の「アフターライフ」

本書の核となっているのは、哲学と科学の対話である。私たちは、新しく生まれたテクノロジーの科学によって、心、自己、人に対する哲学的な理解が疑われたり拡張されたりする可能性があることを見てきた。反対に、哲学はそうした新興テクノロジーが達成できることを見通す感覚を研ぎ澄ませてくれるものである。すなわち、意識をもつロボットは存在しうるか、脳の大部分をマイクロチップに置き換えたときにあなたはあなたであると確信できるか、といったことに関する感覚だ。

本書では、かなり暫定的ではあるが、マインド・デザインの余地がどのくらいあるかを検討してきた。イモーテックス社やマインド・デザイン・センターのようなものが将来登場するかどうかはわからないが、出てきたとしても驚きはしない。今日起こっている出来事がそれを物語っている。今後数十年間でブルーカラーとホワイトカラーの仕事のほとんどがAIに取って代わられると予想されているが、同時に人間と機械の融合に向けた取り組みも活発に行われているのだ。

本書で私は、高度なAIが意識をもつようになるのは、当然の帰結ではないと主張してきた。その代わり、中国語の部屋の思考実験を否定しつつも、脳の計算的な本質や同形体の概念的な可能性に基づいて、高度なＡＩが意識をもつことを前提にしない中道的な立場を提案した。意識のあるＡＩは、実際にはつくれないかもしれないし、非生物的な素材で意識をつくり出すことは、物理法則に矛盾するかもしれない。だが、開発しているＡＩが意識をもつのかどうかをじっくりと見極めることで、そうした問題にも注意しながら取り組むことができる。テクノロジー恐怖症や、表面的に人間と似ているＡＩを意識があるものとみなす傾向を乗り越えて、すべてについて社会と対話することにより、意識をもつＡＩをつくるべきかどうか、またどのようにつくるべきかを、より適切に判断できるようになるだろう。このような選択は、社会によって慎重に行われるべきであり、すべての利害関係者が参加しなければならないものである。

私はさらに、倫理的な観点から、少なくとも信頼できる意識のテストが開発されるまでは、高度なＡＩには意識があるかもしれないと想定しておくのが一番よいと力説してきた。いかなる間違いも、ＡＩが快や苦を感じる存在として特別な道徳的配慮に値するかどうかという議論に誤った影響を与えかねないため、安全策を選ぶに越したことはない。機械を快や苦を感じるものとして認識することができなければ、無用な痛みや苦しみを引き起こす可能性があるだけではない。映画の『エクス・マキナ』や『アイ・ロボット』で描かれている通り、ＡＩへの思いやりを欠くと、しっぺ返しに遭うかもしれない。私たちがＡＩを扱ったように、ＡＩも私たちを扱うようになるかもしれないのだ。

若い読者のなかには、いつかマインド・デザインについて決断する日を迎える人もいるかもしれない。あなたがその一人となったときのために、私は以下のことを伝えておきたい。自分を強化する前に、自分が誰であるかをよく考えよう。もし私のように、人の究極的な本質について確証がもてないのであれば、用心深く安全な道を選ぼう。つまり、通常の脳が学びや成熟の過程で経験する変化を再現したような、生物学的な根拠に基づいた段階的な治療や強化をできる限り貫くのだ。抜本的な機能強化に疑問を投げかけるすべての思考実験や、全体的な合意を欠いた人の同一性に関する議論を考慮すると、こうした用心深い態度を選択するのが最も賢明である。（炭素に対してシリコンなど）素材の種類を変更しない場合でも、抜本的な変更や急激な変更は避けたほうがよい。それに、心をほかの素材に「移行」させようとする試みも、避けたほうが賢明だ。

人造の意識についてもっと多くのことが判明するまでは、重要な心的機能をＡＩ部品に転送しても意識の基盤となる脳の部位に問題が出ないと確信することはできない。もちろん、ＡＩが意識をもつかどうかはまだわからないため、あなたがＡＩと融合しようと試みても、あなた、より正確にはあなたをコピーしたＡＩが、意識をもつ存在になるかどうかもわからない。

ここまで読んでくれた読者には、マインド・デザイン・センターでの買い物が厄介で、危険ですらあるということがおわかりいただけたと思う。マインド・デザインを決断するための明確で議論の余地のない道筋を提供できればよかったのだが、それは実現しなかった。その代わり、マインド・デザインの決断に際しては、形而上学的謙遜の立場を取るのが最も重要であることを伝えてきた。リスクを忘れないようにしよう。人間の心であれロボットの心であれ、心の未来には、社会との対話と哲学的な熟考が必要なのだ。

付録

トランスヒューマニズム

トランスヒューマニズムは一枚岩のイデオロギーではないが、公式の宣言と組織は存在している。世界トランスヒューマニスト協会は、1998年に哲学者のデイヴィッド・ピアースとニック・ボストロムによって創立された国際的な非営利組織である。トランスヒューマニズムの主な信条は、以下に示す「トランスヒューマニスト宣言」に書かれている。[1]

トランスヒューマニスト宣言

1　人類には将来、テクノロジーによる抜本的な変化が訪れる。私たちは、避けがたい老化、人間の知能と人工の知能の限界、選ばれない心理、苦しみ、地球という惑星から受ける束縛といった要素を含め、人間の条件を再設計することが可能だと予測している。

2　これらの来たるべき発展とその長期的な影響を理解するために、体系的な研究を行う必要がある。

3　トランスヒューマニストは一般的に、新しいテクノロジーをオープンな姿勢で受け入れるほうが、禁止したり制限したりするよりも有利に働く可能性が高いと考える。

4　トランスヒューマニストは、テクノロジーによって精神的・身体的（そして生殖的）能力を拡張し、人生をよりよくコントロールしたいと考える人の道徳的権利を擁護する。私たちは、現在の生物学的な制約を超えた個人の成長を求める。

5　将来の計画を立てるにあたっては、技術力が飛躍的に進歩するという見通しを必ず考慮しておかなければならない。テクノロジー恐怖症や不必要な規制のせいで、潜在的な利益が実現しないとしたら悲劇である。その一方で、テクノロジーの進歩によって災害や戦争が起こり、知的生命体が絶滅することになれば、それも悲劇である。

6　私たちは、何をなすべきかを理性的に議論できる場と、責任を伴う決定が実行される社会秩序をつくる必要がある。

7　トランスヒューマニズムは、快と苦を感じるすべての存在（人工知能、人間、ポストヒューマン、人間以外の動物）の幸福を擁護し、現代ヒューマニズムの多くの原則を包括する。トランスヒューマニズムは、特定の政党、政治家、政治方針を支持するものではない。

この文書の後には、さらに長文で、非常に情報量の多い「トランスヒューマニスト：よくある質問」が続く[2]（インターネット上でも公開されている）。

謝辞

本書の執筆は楽しい作業だった。意見を寄せてくれた方々や、調査を支援してくれた機関には心から感謝している。第2章から第4章までは、スタンフォード研究所でのAIの意識に関する刺激的な研究プロジェクトの最中に執筆された。第7章は、私がNASAで行った研究プロジェクトと、ニュージャージー州のプリンストンにある神学研究センター（CTI）との有意義な共同研究から生まれたものだ。ロビン・ラヴィン、ジョシュ・モールディン、ウィル・ストラーには特にお世話になった。

また、私を客員研究員として受け入れてくれたプリンストン高等研究所（IAS）のピート・ハットにもお礼を申し上げたい。彼とオラフ・ヴィトコフスキが主催する週1回のAI研究昼食会のメンバーから、私はたくさんのことを学んだ。エドウィン・ターナーとはIASとCTIでたびたび共同研究を行い、非常に楽しい時間をともに過ごした。私が所属するグループ「AI、心、社会」のメンバーたちとの議論も有益だった。特に、メアリー・グレッグ、ジェネル・ソールズベリー、コーディ・ターナーは、各章について鋭い指摘を寄せてくれた。ここに感謝申し上げる。
この本の一部は、『ニューヨーク・タイムズ』紙、『ノーチラス』誌、『サイエンティフィック・アメリカン』誌に掲載された文章を増補したものだ。第４章のテーマは『人工知能の倫理学』(Liao, ２０２０)に掲載された論文で得た着想を膨らませたもので、第６章は私の著書『ＳＦと哲学』(Schneider, ２００９)の「マインド・スキャン：人間の脳の超越と強化」を発展させたものである。第７章は宇宙生物学に関する2冊の本(Dick, ２０１３とLosch, ２０１７)に掲載された論文をもとにしている。

この本の仕上げをしている間、私はアメリカ議会図書館で特別研究職を務めていた。私を受け入れてくれたクルーゲ・センターの方々、特にジョン・ハスケル、トラヴィス・ヘンスリー、ダン・トゥレロに感謝したい。また、私が本書の内容について講演した哲学科主催のランチ・セミナーや認知科学セミナーでフィードバックをくれたコネティカット大学の同僚たちにもお礼申し上げる。ケンブリッジ大学、コロラド大学、イェール大学、ハーバード大学、マサチューセッツ大学、スタンフォード大学、アリゾナ大学、ボストン大学、デューク大学、24アワーズ、プリンストン大学の認知科学科、プラズマ物理学科、公共政策大学院で行った講演の参加者と主催者にも感謝する。
私の著作に関連するテーマの研究集会を開催し、講演してくれた方々の尽力にも心から感謝したい。ポルトガルのリスボンで開催された研究集会「心、自己、テクノロジー」は、ロブ・クロウズ、クラウス・ガードナー、イネス・イポリトによって企画されたものだ。また、本書の刊行を記念して２０１９年６月にプラハでエルンスト・マッハ・ワークショップを開催してくれたチェコ科学アカデミーにもお礼申し上げる。第６章のもとになった講演を放映してくれた公共放送サービス、および本書の内容についての番組を司会してくれたフォックスＴＶのグレッグ・ガットフェルトにも感謝している。

スティーヴン・ケイヴ、ジョー・コラービ、マイケル・ヒューマー、ジョージ・ムッサー、マット・ローアル、エリック・シュウィッツゲーベルは、原稿全体に目を通し、多くの改善に寄与する詳細なコメントを寄せてくれた。また、本書の内容について、ジョン・ブロックマン、アントニオ・チェラ、デイヴィッド・チャーマーズ、エリック・ヘニー、カルロス・モンテメイヤー、マーティン・リース、デイヴィッド・サーナー、マイケル・ソロモン、ダン・トゥレロと交わした会話からは多大な恩恵を受けた。キム・スオジとの思い出を語ってくれたジョシュ・シシュラーにも大いに感謝している。プリンストン大学出版局（原書の出版元）のすばらしいチーム（シド・ウェストモアランド、サラ・ヘニング＝スタウト、ロブ・テンピオほか全員）、そして特に、本書を丁寧に編集してくれたマット・ロハールに感謝を申し上げる（ほかにも尽力してくれた方やアドバイスをくれた方がいたかもしれない。書き漏らしているなら申し訳ない）。

最後に、夫のデイヴィッド・ロネムスにお礼を述べたい。ＡＩについての私たちのすばらしい会話が、本書の内容に関する着想を与えてくれた。そして、私の子どもたちであるエレナ、アレックス、アリーに愛情を込めて本書を捧げる。若い世代が本書で扱った技術的・哲学的課題に対処するとき、本書が少しでも役に立てば、望外の喜びである。

注

序文

1. 映画『コンタクト』ロバート・ゼメキス監督、1997年。
2. たとえば、「生命の未来研究所」の公開書簡（https://futureoflife.org/ai-open-letter/）や、Bostrom（2014）; Cellan-Jones（2014）; Anthony（2017）; Kohli（2017）を参照。
3. Bostrom（2014）.
4. Solon（2017）.

第1章：AIの時代

1. Müller and Bostrom（2016）.
2. Giles（2018）.
3. Bess（2015）.
4. このような研究の一部に関する情報は、世界中で実施された民間および公的資金による臨床研究のデータベースclinicaltrials.govで確認できる。また、アメリカ国防総省の新興技術部門である国防高等研究計画局（DARPA）が実施した研究の一部については、一般に公開されている。DARPA（n.d. a）; DARPA（2018）; *MeriTalk*（2017）や、Cohen（2013）を参照。
5. Huxley（1957, pp. 13–17）. トランスヒューマニズムに関するさまざまな代表的論文については、More and Vita-More（2013）を参照。
6. Roco and Bainbridge（2002）; Garreau（2005）.
7. Sandberg and Bostrom（2008）.
8. DARPA（n.d. b）.
9. Kurzweil（1999, 2005）.

第2章：AIの意識の問題

1. Kurzweil（2005）.
2. Chalmers（1996, 2002, 2008）.
3. AIの意識の問題は、「他我問題」と呼ばれる古典的な哲学の問題とも異なる。他我問題とは、私たちはそれぞれ、自分に意識があることを内省によって知ることができるが、周りの人間も同様であることを、どうすれば本当に確信できるだろうか、というものである。この問題は、哲学的懐疑主義のよく知られた一形態である。他我問題に対する一般的な返答は、以下の通りである。周りの人間に意識があるという確証はもてない。しかし、私たちと同じような神経系をもつうえ、痛みに顔をゆがめたり、友情を求めたりするなど、基本的な振る舞いも同じであるため、ほかの普通の人々にも意識があると推測される。他者の振る舞いを説明する最善の方法は、他者にも意識があるとみなすことである。結局、彼らも私たちと同じ神経系をもっているからだ。しかし、この他我問題は、AIの意識の問題とは異なるものである。まず、他我問題は機械の意識ではなく、人間の心という文脈で提起されている。さらに、ここで挙げた他我問題の一般的な解決策は、AIの意識の問題においては役に立たない。AIは私たちと同じような神経系をもっておらず、私たちとはかなり異なる振る舞いをする可能性があるからだ。もっと言うなら、AIが人間のように振る舞うとしても、それは自分が感じているかのごとく振る舞うようプログラムされているせいかもしれない。そのため、AIの振る舞いから意識の存在を推し量ることはできないのである。
4. 生物学的自然主義は、ジョン・サールの仕事と結びつけられることが多い。しかし、ここで使われている「生物学的自然主義」は、物理主義や心の形而上学に関するサールのより広範な立場とは関係がない。彼の広範な立場については、Searle（2016, 2017）を参照。本書の議論における生物学的自然主義とは、Blackmore（2004）にあるような、単に人造の意識を否定する一般的な立場のことである。サール自身は、脳を模倣した計算が意識をもつ可能性に共感していたらしいことは注目に値する。サールが当初の論文で標的にしているのは、計算を規則に従った記号の操作とみなす記号処理的なアプローチである（Schneider and Velmans, 2017のサール執筆分を参照）。

5. Searle（1980）.
6. Searle（1980）の議論を参照。サールはそこで問題を提起し、反論に応答している。
7. 「汎心論」の支持者は、素粒子にはごくわずかな意識が存在すると言うが、彼らでさえ、より高次の意識には、脳幹や視床といった脳のさまざまな部位間の複雑な相互作用と統合が関係していると考えている。いずれにせよ、私は汎心論を認めていない（Schneider 2018b）。
8. この種のテクノロジー楽観主義に関する記述で影響力のあるものについては、Kurzweil（1999, 2005）を参照。
9. 認知科学におけるこの優れた説明方法は、「機能分割の手法」と呼ばれている。システムの性質を、その構成部分間の因果的な相互作用に分割して説明するためである。その構成部分もまた、サブシステム間の因果的な相互作用によって説明されることが多い（Block, 1995b）。
10. 哲学用語では、そのようなシステムは「機能的に正確な同形体」と呼ばれる。
11. ここでは単純化するために、脳のニューロンの置き換えについてのみ論じている。だが、たとえば腸など、神経系のほかの場所のニューロンも関係している可能性がある。あるいは、ニューロン以外（グリア細胞など）も関係しているかもしれない。この種の思考実験は、脳のニューロン以外も置き換えると仮定して修正することもできる。
12. Chalmers（1996）.
13. ここでは、生化学的な性質も含まれると仮定している。原理的には、もしそれらが認知に関係する場合、そうした特徴の振る舞いに関する抽象的記述は、機能的記述に含めることができる。

14. しかし、脳のアップロードでは、コピーが完全かつ正確に行われる可能性もある。とはいえ、同形体と同様、脳のアップロードが実現するのは遠い未来の話である。

第3章：意識のエンジニアリング

1. Boly et al.（2017）; Koch et al.（2016）; Tononi et al.（2016）.
2. 2018年2月17日時点の検索結果。
3. Davies（2010）; Spiegel and Turner（2011）; Turner（n.d.）.
4. ある患者の興味深い体験談については、Lemonick（2017）を参照。
5. McKelvey（2016）; Hampson et al.（2018）; Song et al.（2018）を参照。
6. Sacks（1985）.

第4章：AIゾンビの見つけ方：機械の意識をテストする

1. 高度な知能をもつAIにおける機能的意識の公理は、Bringsjord et al.（2018）で定式化されている。Ned Block（1995a）では、関連する「アクセス意識」という概念が論じられている。
2. Bringsjord et al.（2018）.
3. Schneider and Turner（2017）; Schneider（2020）を参照。
4. もちろん、耳の聞こえない人がまったく音楽を鑑賞できないと言っているわけではない。
5. フランク・ジャクソンの知識論証をよく知っている人なら、私が彼の有名な思考実験から着想を得たことに気づくだろう。その思考実験では、神経科学者のメアリーは、色覚に関するすべての「物理的事実」（つまり視覚の神経科学に関する事実）を知っているものの、赤という色を見たことがないとする。そこでジャクソンは、メアリーが初めて赤色を見たとき、何が起こるだろうかと問う。メアリーは何か新しいこと、すなわち神経科学や物理学によって知りうる範囲を超えた事実を学ぶだろうか？　哲学者たちはこの思考実験について幅広い議論を展開してきた。一部の哲学者は、この思考実験が「意識は物理的現象である」という考えに疑問を呈することに成功していると考えている(Jackson, 1986)。
6. Schneider (2016).
7. Koch et al. (2016); Boly et al. (2017) を参照
8. Zimmer (2010).
9. Tononi and Koch (2014, 2015).
10. Tononi and Koch (2015).
11. 現状では生物学的な脳のΦ値を測定することが困難なため、以降はこの大きさのΦ値を、いくぶん曖昧に「高いΦ値」と呼ぶことにする。
12. Aaronson (2014a, b) を参照。
13. Harremoes et al. (2001).
14. UNESCO/COMEST (2005).
15. Schwitzgebel and Garza (2020).

第5章：AIと融合できるか？

1. トランスヒューマニズムが、決してあらゆる種類の機能強化を支持しているわけではないことは、指摘しておくべきだろう。たとえば、ニック・ボストロムは地位の強化(主に自分の社会的地位を高めるために行われる機能強化)を否定している。ただし、人間が「可能な存在のあり方に関するより広い空間」を探求する方法を開発できるような機能強化には賛成している(Bostrom, 2005a, p. 11)。
2. More and Vita-More (2013); Kurzweil (1999, 2005); Bostrom (2003, 2005b).
3. Bostrom (1998); Kurzweil (1999, 2005); Vinge (1993).
4. Moore (1965).
5. この問題に関する反機能強化の主流的な考え方については、Annas (2000), Fukuyama (2002), Kass et al. (2003) などを参照。
6. 以前私が行った議論については、Schneider (2009a, b, c) を参照。また、スティーヴン・ケイヴの不死に関する興味深い著作(Cave, 2012)も参照。

7. Kurzweil (2005, p. 383).
8. 心理学的連続性説にはさまざまなバージョンがある。たとえば、(a) 人間には記憶が不可欠であるとするものや、(b) 記憶を含む全般的な心理学的構成が不可欠であるとするものがある。ここでは、認知科学から着想を得た (b) のバージョンの一つを採用した。ただし、この考え方に対する批判の多くは、(a) や別バージョンの (b) にも当てはまるだろう。
9. Kurzweil (2005, p. 383). ここで論じたように、脳中心唯物論のほうが心の哲学における物理主義よりも制約が大きい。物理主義者の一部は、ある時点では脳だったものが、のちにアップロードされたものに変わるという具合に、素材が根本的に変化しても存続できると考えるからだ。心の哲学における唯物論的立場について、さらに広範な議論を確認する場合は、Churchland (1988) と Kim (2005, 2006) を参照。エリック・オルソンは、自己の同一性に関して強い影響を与えた唯物論的立場を提案している。彼が論じるには、私たちは人ではなく、人体である (Olson, 1997)。私たちは人生の一部において人であるにすぎないのだ。たとえば、脳死状態になった場合、人間という動物は存在し続けるが、人体は存在しなくなる。だから、私たちは本質的には人ではないというわけだ。だが、私たちが人体なのかどうか、私には確証がもてない。脳はその人の同一性において際立った役割を果たしており、もし脳が移植されれば、おそらくその人も一緒に移行するからだ。脳も数ある器官のなかの一つにすぎないとするオルソンの立場からは、この見方は否定される (Marshall, 2019のなかのオルソンのコメントを参照)。
10. 社会学者のジェイムズ・ヒューズは、トランスヒューマニスト版の無主体説を唱える。Hughes (2004, 2013) を参照。これら四つの説のあらましについては、Olson (1997, 2017) と Conee and Sider (2005) を参照。
11. しかしこれは、私が第8章で批判する心への計算主義の一形態である。心への計算主義が、思考の形式に関するさまざまな計算主義的理論に訴えられることにも注目するべきである。たとえば、コネクショニズムや（計算主義的な装いをした）動的システム論、記号または思考の言語仮説、またはこれらの組み合わせが挙げられる。これらの理論の違いが本書の議論の目的に影響することはない。こうした話題については、別の著作で詳しく論じた（Schneider, 2011を参照）。

12. Kurzweil（2005, p. 383）.
13. Bostrom（2003）.
14. 第8章では、トランスヒューマニストたちの計算主義的な心の捉え方について、さらに詳しく論じる。

第6章：マインド・スキャンを受ける

1. Sawyer（2005, pp. 44–45）.
2. Sawyer（2005, p. 18）.
3. Bostrom（2003）.
4. Bostrom（2003, section 5.4）.

第7章：シンギュラリティであふれる宇宙

1. ここでの議論は、とりわけPaul Davies（2010）, Steven Dick（2015）, Martin Rees（2003）, Seth Shostak（2009）による画期的な研究の恩恵を受けている。
2. Shostak（2009）; Davies（2010）; Dick（2013）; Schneider（2015）.
3. Dick（2013, p. 468）.
4. Mandik（2015）; Schneider and Mandik（2018）.
5. Mandik（2015）; Schneider and Mandik（2018）.
6. Bostrom（2014）.
7. Shostak（2015）.
8. Dyson（1960）.
9. Schneider, “Alien Minds,” in Dick（2015）.
10. Consolmagno and Mueller（2014）.
11. Bostrom（2014）.
12. Bostrom（2014, p. 107）.
13. Bostrom（2014, pp. 107–108, 123–125）.

14. Bostrom (2014, p. 29).
15. Bostrom (2014, p. 109).
16. Seung (2012).
17. Hawkins and Blakeslee (2004).
18. Schneider (2011).
19. Baars (2008).
20. Clarke (1962).

第8章：心はソフトウェア・プログラムなのか？

1. この引用はThe Guardian (2013) より。
2. Harmon (2015a, p. 1).
3. Harmon (2015a); Alcor Life Extension Foundation (n.d.) を参照。
4. Crippen (2015).
5. この件について、Eメールと電話でやり取りをしてくれたジョシュ・シシュラー(キム・スオジのボーイフレンド)に感謝する(2018年8月26日)。
6. Harmon (2015a).
7. Harmon (2015a).
8. Harmon (2015a).
9. Schneider (2014); Schneider and Corabi (2014). アップロードのさまざまな段階の概要については、Harmon (2015b) を参照。
10. Schneider (2014); Schneider and Corabi (2014). 物体が同時に複数の場所に存在した例は観測されていない。これは、測定することで崩壊する量子的な物体でも同じである。多重性をもつとされる物体は間接的にしか観測されておらず、物理学者や物理学の哲学者たちが激しい論争を巻き起こしている。
11. たとえば、「脳のソフトウェアとしての心」というタイトルのBlock (1995b) が、この見方の代表的な論文である。ソフトウェア説の立場を取る学者の多くは、脳の機能強化やアップロードを主張するよりも、心の働きを描写することに関心を抱いている。私は、抜本的な機能強化を主張する融合楽観主義者の考えに焦点を当てることにする。
12. Wiley (2014).
13. Mazie (2014).
14. Hayworth (2015).
15. Schneider (2011).
16. Descartes (2008).
17. 観念論に関する議論を集めた有益な新刊として、Pearce and Goldschmidt (2018) がある。一部の汎心論が観念論の一形態である理由については、Schneider (2018a) の議論を参照。
18. Heil (2005), Kim (2006) などを参照。
19. これを擁護する立場として、Schneider (2011b) を参照。
20. Block (1995b).
21. プログラムの実装という考え方は、これまでにもさまざまな理由から問題視されてきた。この議論については、Putnam (1967) と Piccinini (2010) を参照。
22. Chalmers (1996).
23. Descartes (2008).
24. Putnam (1967).
25. Lowe (1996, 2006). ロウは心ではなく、自己について語ることを好んだ。本書では勝手ながら、ロウの立場を心に関する議論の文脈において使用している。
26. Kurzweil (2005, p. 383).
27. Graham (2010).
28. Schipp (2016) を参照。
29. Harmon (2015a).

付録：トランスヒューマニズム

1. この文章は、トランスヒューマニスト団体Humanity+のウェブサイトに掲載されたものである (Humanity+, n.d.)。ほかの代表的なトランスヒューマニストの論文を収めた有益な本であるMore and Vita-More (2013) でも確認できる。トランスヒューマニストの思想の歴史についてはBostrom (2005a) も参照のこと。

2. Bostrom（2003）と Chislenko et al.（n.d.）を参照。

参考文献

Aaronson, S. 2014a. "Why I Am Not an Integrated Information Theorist (or, The Unconscious Expander)," *Shtetl Optimized* (blog), May, https://www.scottaaronson.com/blog/?p=1799.

———. 2014b. "Giulio Tononi and Me: A Phi-nal Exchange," *Shtetl Optimized* (blog), June, https://www.scottaaronson.com/blog/?p=1823.

Alcor Life Extension Foundation. n.d. "Case Summary: A-2643 Kim Suozzi," https://alcor.org/Library/html/casesummary2643.html.

Annas, G. J. 2000. "The Man on the Moon, Immortality, and Other Millennial Myths: The Prospects and Perils of Human Genetic Engineering," *Emory Law Journal* 49 (3): 753–782.

Anthony, A. 2017. "Max Tegmark: 'Machines Taking Control Doesn't Have to Be a Bad Thing'," https://www.theguardian.com/technology/2017/sep/16/ai-will-superintelligent-computers-replace-us-robots-max-tegmark-life-3-0.

Baars, B. 2008. "The Global Workspace Theory of Consciousness," in M. Velmans and S. Schneider, eds., *The Blackwell Companion to Consciousness.* Boston: Wiley-Blackwell.

Bess, M. 2015. *Our Grandchildren Redesigned: Life in the Bioengineered Society of the Near Future.* Boston: Beacon Press.

Blackmore, S. 2004. *Consciousness: An Introduction.* New York: Oxford University Press.

Block, N. 1995a. "On a Confusion about the Function of Consciousness," *Behavioral and Brain Sciences* 18: 227–247.

———. 1995b. "The Mind as the Software of the Brain," in D. Osherson, L. Gleitman, S. Kosslyn, E. Smith, and S. Sternberg, eds., *An Invitation to Cognitive Science.* New York: MIT Press.

Boly, M., M. Massimini, N. Tsuchiya, B. Postle, C. Koch, and G. Tononi. 2017. "Are the Neural Correlates of Consciousness in the Front or in the Back of the Cerebral Cortex? Clinical and Neuroimaging

Evidence," *Journal of Neuroscience* 37（40）: 9603–9613.

Bostrom, N. 1998. "How Long before Superintelligence?" *International Journal of Futures Studies* 2.〔ニック・ボストロム『スーパーインテリジェンス：超絶ＡＩと人類の命運』倉骨彰訳、日本経済新聞出版社、2017年〕

———. 2003. "Transhumanist FAQ: A General Introduction," version 2.1, World Transhumanist Association, https://nickbostrom.com/views/transhumanist.pdf.

———. 2005a. "History of Transhumanist Thought." *Journal of Evolution and Technology* 14（1）.

———. 2005b. "In Defence of Posthuman Dignity," *Bioethics* 19（3）: 202–214.

———. 2014. *Superintelligence: Paths, Dangers, Strategies.* Oxford: Oxford University Press.

Bringsjord, S., P. Bello, and N. S. Govindarajulu. 2018. "Toward Axiomatizing Consciousness," in Dale Jacquette ed., *The Bloomsbury Companion to the Philosophy of Consciousness.* London: Bloomsbury Academic.

Cave, Stephen. 2012. *Immortality: The Quest to Live Forever and How It Drives Civilization.* New York: Crown.

Cellan-Jones, R. 2014. "Stephen Hawking Warns Artificial Intelligence Could End Mankind," https://www.bbc.com/news/technology-30290540.

Chalmers, D. 1996. *The Conscious Mind: In Search of a Final Theory.* Oxford: Oxford University Press.〔デイヴィッド・チャーマーズ『意識する心：脳と精神の根本理論を求めて』林一訳、白揚社、2001年〕

———. 2002. "Consciousness and Its Place in Nature," in David J. Chalmers, ed., *Philosophy of Mind: Classical and Contemporary Readings.* Oxford: Oxford University Press.

———. 2008. "The Hard Problem of Consciousness," in M. Velmans and S. Schneider, eds., *The Blackwell Companion to Consciousness.* Boston: Wiley-Blackwell.

Churchland, P. 1988. *Matter and Consciousness.* Boston: MIT Press.

Chislenko, Alexander, Max More, Anders Sandberg, Natasha Vita-More, Eliezer Yudkowsky, Arjen Kamphius, and Nick Bostrom. n.d. "Transhumanist FAQ," https://humanityplus.org/philosophy/transhumanist-faq/.

Clarke, A. 1962. *Profiles of the Future: An Inquiry into the Limits of the Possible.* New York: Harper and Row.

Cohen, Jon. 2013. "Memory Implants," *MIT Technology Review,* April 23, https://www.technologyreview.com/s/513681/memory-implants/.

Conee, E., and T. Sider. 2005. *Riddles of Existence: A Guided Tour of Metaphysics.* Oxford: Oxford University Press.

Consolmagno, Guy, and Paul Mueller. 2014. *Would You Baptize an Extraterrestrial?... and Other Questions from the Astronomers' In-Box at the Vatican Observatory.* New York: Image.

Crippen, D. 2015. "The Science Surrounding Cryonics," *MIT Technology Review,* October 19, 2015, https://www.technologyreview.com/s/542601/the-science-surrounding-cryonics/.

DARPA. n.d. a. "DARPA and the Brain Initiative," https://www.darpa.mil/program/our-research/darpa-and-the-brain-initiative.

DARPA. n.d. b. "Systems of Neuromorphic Adaptive Plastic Scalable Electronics (SyNAPSE)," https://www.darpa.mil/program/systems-of-neuromorphic-adaptive-plastic-scalable-electronics.

DARPA. 2018. "Breakthroughs Inspire Hope for Treating Intractable Mood Disorders," November 30, https://www.darpa.mil/news-events/2018-11-30.

Davies, Paul. 2010. *The Eerie Silence: Renewing Our Search for Alien Intelligence.* Boston: Houghton Mifflin Harcourt.

Descartes, R. 2008. *Meditations on First Philosophy: With Selections from the Original Objections and Replies,* trans. Michael Moriarty. Oxford: Oxford University Press.

Dick, S. 2013. "Bringing Culture to Cosmos: The Postbiological Universe," in S. Dick and M. Lupisella, eds., *Cosmos and Culture:*

Cultural Evolution in a Cosmic Context, Washington, DC: NASA, http://history.nasa.gov/SP-4802.pdf.

———. 2015. *Discovery.* Cambridge: Cambridge University Press.

Dyson, Freeman J. 1960. "Search for Artificial Stellar Sources of Infrared Radiation," Science 131 (3414) : 1667–1668, https://science.sciencemag.org/content/131/3414/1667.

Fukuyama, F. 2002. *Our Posthuman Future: Consequences of the Biotechnology Revolution.* New York: Farrar, Straus and Giroux.

Garreau, J. 2005. *Radical Evolution: The Promise and Peril of Enhancing Our Minds, Our Bodies—and What It Means to Be Human.* New York: Doubleday.

Guardian, The. 2013. "Stephen Hawking: Brain Could Exist Outside Body," *The Guardian,* September 21, https://www.theguardian.com/science/2013/sep/21/stephen-hawking-brain-outside-body.

Giles, M. 2018. "The World's Most Powerful Supercomputer Is Tailor Made for the AI Era," *MIT Technology Review,* June 8, 2018.

Graham, D. W., ed. 2010. *The Texts of Early Greek Philosophy: The Complete Fragments and Selected Testimonies of the Major Presocratics.* Cambridge: Cambridge University Press.

Hampson, R. E., D. Song, B. S. Robinson, D. Fetterhoff, A. S. Dakos, et al. 2018. "A Hippocampal Neural Prosthetic for Restoration of Human Memory Function." *Journal of Neural Engineering* 15: 036014.

Harmon, A. 2015a. "A Dying Young Woman's Hope in Cryonics and a Future," *New York Times,* September 12, https://www.nytimes.com/2015/09/13/us/cancer-immortality-cryogenics.html.

———. 2015b. "The Neuroscience of Immortality," *The New York Times,* September 12, https://www.nytimes.com/interactive/2015/09/03/us/13immortality-explainer.html?mtrref=www.nytimes.com&gwh%20=38E76FFD21912ECB72F 147666E2ECDA2&gwt%20=pay.

Harremoes, P., D. Gee, M. MacGarvin, A. Stirling, J. Keys, B. Wynne, and S. Guedes Vaz, eds. 2001. *Late Lessons from Early Warnings: The*

Precautionary Principle 1896–2000, Environmental Issue Report 22. Copenhagen: European Environment Agency.〔欧州環境庁編『レイト・レッスンズ：14の事例から学ぶ予防原則』松崎早苗監訳、水野玲子・安間武・山室真澄訳、七つ森書館、2005年〕

Hawkins, J., and S. Blakeslee. 2004. *On Intelligence: How a New Understanding of the Brain Will Lead to the Creation of Truly Intelligent Machines.* New York: Times Books.

Hayworth, Ken. 2015. "Ken Hayworth's Personal Response to *MIT Technology Review* Article," The Brain Preservation Foundation, September 16, http://www.brainpreservation.org/ken-hayworths-personal-response-to-mit-technology-review-article/.

Heil, J. 2005. *From an Ontological Point of View.* Oxford: Oxford University Press.

Hughes, J. 2004. *Citizen Cyborg: Why Democratic Societies Must Respond to the Redesigned Human of the Future.* Cambridge, MA: Westview Press.

———. 2013. "Transhumanism and Personal Identity," in M. More and N. More, eds., *The Transhumanist Reader.* Boston: Wiley.

Humanity+. n.d. "Transhumanist Declaration," https://humanityplus.org/philosophy/transhumanist-declaration/.

Huxley, J. 1957. *New Bottles for New Wine.* London: Chatto & Windus.

Jackson, F. 1986. "What Mary Didn't Know," *Journal of Philosophy* 83 (5): 291–295.

Kass, L., E. Blackburn, R. Dresser, D. Foster, F. Fukuyama, et al. 2003. *Beyond Therapy: Biotechnology and the Pursuit of Happiness: A Report of the President's Council on Bioethics.* Washington, DC: Government Printing Office.

Kim, Jaegwon. 2005. *Physicalism, Or Something Near Enough.* Princeton, NJ: Princeton University Press.

———. 2006. *Philosophy of Mind,* 2nd ed., New York: Westview.

Koch, C., M. Massimini, M. Boly, and G. Tononi. 2016. "Neural Correlates of Consciousness: Progress and Problems," *Nature Reviews Neuroscience* 17 (5): 307–321.

Kohli, S. 2017. "Bill Gates Joins Elon Musk and Stephen Hawking in Saying Artificial Intelligence Is Scary," https://qz.com/335768/.

Kurzweil, R. 1999. *Age of Spiritual Machines: When Computers Exceed Human Intelligence.* New York: Penguin.〔レイ・カーツワイル『スピリチュアル・マシーン：コンピューターに魂が宿るとき』田中三彦、田中茂彦訳、翔泳社、2001年〕

———. 2005. *The Singularity Is Near: When Humans Transcend Biology.* New York: Viking.〔レイ・カーツワイル『ポスト・ヒューマン誕生：コンピュータが人類の知性を超えるとき』井上健監訳、小野木明恵、野中香方子、福田実訳、NHK出版、2007年〕

Lemonick, Michael. 2017. *The Perpetual Now: A Story of Amnesia, Memory, and Love.* New York: Doubleday Books.

Liao, S. Matthew, ed., 2020. *Ethics of Artificial Intelligence.* New York: Oxford University Press.

Losch, Andreas, ed. 2017. *What Is Life? On Earth and Beyond.* Cambridge: Cambridge University Press.

Lowe, E. J. 1996. *Subjects of Experience.* Cambridge: Cambridge University Press.

———. 2006. "Non-Cartesian Substance Dualism and the Problem of Mental Causation," *Erkenntnis* 65 (1) : 5–23.

Mandik, Pete. 2015. "Metaphysical Daring as a Posthuman Survival Strategy," *Midwest Studies in Philosophy* 39 (1) : 144–157.

Marshall, Richard. 2019. "The Philosopher with No Hands," *3AM*, https://www.3ammagazine.com/3am/the-philosopher-with-no-hands/.

Mazie, Steven. 2014. "Don't Want to Die? Just Upload Your Brain," *Big Think*, March 6, https://bigthink.com/praxis/dont-want-to-die-just-upload-your-brain.

McKelvey, Cynthia. 2016. "The Neuroscientist Who's Building a Better Memory for Humans," *Wired*, December 1, https://www.wired.com/2016/12/neuroscientist-whos-building-better-memory-humans/.

MeriTalk. 2017. "DARPA-Funded Deep Brain Stimulator Is Ready for

Human Testing," *MeriTalk*, April 10, https://www.meritalk.com/articles/darpa-alik-widge-deep-brain-stimulator-darin-dougherty-emad-eskandar/.

Moore, G. E. 1965. "Cramming More Components onto Integrated Circuits," *Electronics* 38 (8).

More, M., and N. Vita-More. 2013. *The Transhumanist Reader: Classical and Contemporary Essays on the Science, Technology, and Philosophy of the Human Future*. Chichester, UK: Wiley-Blackwell.

Müller, Vincent C., and Nick Bostrom. 2014. " Future Progress in Artificial Intelligence: A Survey of Expert Opinion," in Vincent C. Müller, ed., *Fundamental Issues of Artificial Intelligence*. Synthese Library. Berlin: Springer.

Olson, Eric. 1997. *The Human Animal: Personal Identity Without Psychology*. New York: Oxford University Press.

———. 2017. "Personal Identity," in Edward N. Zalta, ed., *The Stanford Encyclopedia of Philosophy*, https://plato.stanford.edu/archives/sum2017/entries/identity-personal/.

Parfit, D. 1984. *Reasons and Persons*. Oxford: Clarendon Press.

Pearce, K., and T. Goldschmidt. 2018. *Idealism: New Essays in Metaphysics*. Oxford: Oxford University Press.

Piccinini, M. 2010. "The Mind as Neural Software? Understanding Functionalism, Computationalism and Computational Functionalism," *Philosophy and Phenomenological Research* 81 (2): 269–311.

Putnam, H. 1967. *Psychological Predicates. Art, Philosophy, and Religion*. Pittsburgh: University of Pittsburgh Press.

Rees, M. 2003. *Our Final Hour: A Scientist's Warning: How Terror, Error, and Environmental Disaster Threaten Humankind's Future in This Century—On Earth and Beyond*. New York: Basic Books.

Roco, M. C., and W. S. Bainbridge, eds. 2002. *Converging Technologies for Improved Human Performance: Nanotechnology, Biotechnology, Information Technology and Cognitive Science*. Arlington, VA: National Science Foundation and Department of Commerce.

Sacks, O. 1985. *The Man Who Mistook His Wife for a Hat and Other Clinical Tales.* New York: Summit Books.

Sandberg, A., and N. Bostrom. 2008. "Whole Brain Emulation: A Roadmap." Technical Report 2008–3. Oxford: Future of Humanity Institute, Oxford University.

Sawyer, R. 2005. *Mindscan.* New York: Tor.

Schipp, Debbie. 2016. "Boyfriend's Delivery of Love for the Woman Whose Brain Is Frozen," news.com.au, June 19, https://www.news.com.au/entertainment/tv/current-affairs/boyfriends-delivery-of-love-for-the-woman-whose-brain-is-frozen/news-story/8a4a5b705964d242bdfa5f55fa2df41a.

Schneider, Susan, ed. 2009a. *Science Fiction and Philosophy.* Chichester, UK: Wiley-Blackwell.

———. 2009b. "Mindscan: Transcending and Enhancing the Human Brain," in S. Schneider, ed., *Science Fiction and Philosophy.* Oxford: Blackwell.

———. 2009c. "Cognitive Enhancement and the Nature of Persons," in Art Caplan and Vardit Radvisky, eds., *The University of Pennsylvania Bioethics Reader.* New York: Springer.

———. 2011. *The Language of Thought: A New Philosophical Direction.* Boston: MIT Press.

———. 2014. "The Philosophy of 'Her'," *New York Times,* March 2.

———. 2015. "Alien Minds," In S. J. Dick, ed., *The Impact of Discovering Life beyond Earth.* Cambridge: Cambridge University Press.

———. 2016. "Can a Machine Feel?" TED talk, June 22, Cambridge, MA, http://www.tedxcambridge.com/speaker/susan-schneider/.

———. 2018a. "Idealism, or Something Near Enough," in K. Pearce and T. Goldschmidt, eds., *Idealism: New Essays in Metaphysics.* Oxford: Oxford University Press.

———. 2018b. "Spacetime Emergence, Panpsychism and the Nature of Consciousness," *Scientific American,* August 6.

———. 2020. "How to Catch an AI Zombie: Tests for Machine Consciousness," in S. Matthew Liao, ed., *Ethics of Artificial*

Intelligence. Oxford: Oxford University Press.

Schneider, S., and J. Corabi. 2014. "The Metaphysics of Uploading," in Russell Blackford, ed., *Intelligent Machines, Uploaded Minds.* Boston: Wiley-Blackwell.

Schneider, S., and P. Mandik. 2018. "How Philosophy of Mind Can Shape the Future," in Amy Kind, ed., *Philosophy of Mind in the 20th and 21th Century,* Abingdon-on-Thames, UK: Routledge.

Schneider, S., and E. Turner. 2017. "Is Anyone Home? A Way to Find Out If AI Has Become Self-Aware," *Scientific American,* 19, July.

Schneider, S., and M. Velmans. 2017. *The Blackwell Companion to Consciousness.* Boston: Wiley-Blackwell.

Schwitzgebel, E., and M. Garza. 2020. "Designing AI with Rights, Consciousness, Self-Respect, and Freedom." in S. Matthew Liao, ed., *Ethics of Artificial Intelligence.* Oxford: Oxford University Press.

Searle, J. 1980. "Minds, Brains and Programs." *Behavioral and Brain Sciences* 3: 417–457.

———. 2016. *The Rediscovery of the Mind.* Oxford: Oxford University Press.

———. 2017. "Biological Naturalism," in S. Schneider and M. Velmans, eds., *The Blackwell Companion to Consciousness.* Boston: Wiley-Blackwell.

Seung, S. 2012. *Connectome: How the Brain's Wiring Makes Us Who We Are.* Boston: Houghton Mifflin Harcourt.

Shostak, S. 2009. *Confessions of an Alien Hunter.* New York: National Geographic.

Solon, Olivia. 2017. "Elon Musk says humans must become cyborgs to stay relevant. Is he right?" *The Guardian,* February 15, https://www.theguardian.com/technology/2017/feb/15/elon-musk-cyborgs-robots-artificial-intelligence-is-he-right.

Song, D., B. S. Robinson, R. E. Hampson, V. Z. Marmarelis, S. A. Deadwyler, and T. W. Berger. 2018. "Sparse Large-Scale Nonlinear Dynamical Modeling of Human Hippocampus for Memory Prostheses," *IEEE Transactions on Neural Systems and Rehabilitation*

Engineering 26 (2) : 272–280.

Spiegel, D., and Edwin L. Turner. 2011. “Bayesian Analysis of the Astrobiological Implications of Life’s Early Emergence on Earth,” http://www.pnas.org/content/pnas/early/2011/12/21/1111694108.full.pdf.

Tononi, G., and C. Koch. 2014. “From the Phenomenology to the Mechanisms of Consciousness: Integrated Information Theory 3.0,” *PLOS Computational Biology.*

———. 2015. “Consciousness: Here, There and Everywhere?” *Philosophical Transactions of the Royal Society of London B: Biological Sciences* 370: 20140167.

Tononi, G., M. Boly, M. Massimini, and C. Koch. 2016. “Integrated Information Theory: From Consciousness to Its Physical Substrate.” *Nature Reviews Neuroscience* 17: 450–461.

Turner, E. n.d. “Improbable Life: An Unappealing but Plausible Scenario for Life’s Origin on Earth,” video of lecture given at Harvard University, https://youtube/Bt6n6Tu1beg.

UNESCO/COMEST. 2005. “The Precautionary Principle,” http://unesdoc.unesco.org/images/0013/001395/139578e.pdf.

Vinge, V. 1993. “The Coming Technological Singularity.” *Whole Earth Review,* Winter.

Wiley, Keith. 2014. “Response to Susan Schneider’s ‘The Philosophy of “Her,’ ” *H+Magazine,* March 26, http://hplusmagazine.com/2014/03/26/response-to-susan-schneiders-the-philosophy-of-her/.

Zimmer, Carl. 2010. “Sizing Up Consciousness By Its Bits,” *New York Times,* September 20.

著者　スーザン・シュナイダー（Susan Schneider）

アメリカの哲学者、人工知能の専門家。ＮＡＳＡのプロジェクトに従事し、アメリカ議会図書館で特別研究職を務めたのち、フロリダ・アトランティック大学「未来の心センター」の初代所長となる。著書に『*The Language of Thought*』、編著に『*The Blackwell Companion to Consciousness*』『*Science Fiction and Philosophy*』などがある。

監訳者　小山 虎（こやま・とら）

山口大学時間学研究所准教授。専門は分析哲学、ロボット哲学。大阪大学大学院人間科学研究科博士課程修了。慶應義塾大学、米国ラトガース大学、大阪大学基礎工学研究科等を経て現職。編著に『信頼を考える』（勁草書房）、著書に『知られざるコンピューターの思想史』（PLANETS）、訳書に『世界の複数性について』（名古屋大学出版会）などがある。

訳者　永盛鷹司（ながもり・ようじ）

翻訳家。主な訳書にヨハン・エクレフ『暗闇の効用』（太田出版）、マシュー・サイド『勝者の科学　一流になる人とチームの法則』（ディスカヴァー・トゥエンティワン）などがある。

あなたとＡＩが融合する日

二〇二五年三月二十五日発行

著者　スーザン・シュナイダー
監訳者　小山 虎
訳者　永盛鷹司
翻訳協力　株式会社 トランネット
https://www.trannet.co.jp
編集協力　松川琢哉
編集　道地恵介
表紙デザイン　株式会社 ライラック
発行者　松田洋太郎
発行所　株式会社 ニュートンプレス
〒一一二-〇〇一二
東京都文京区大塚 三-十一-六
https://www.newtonpress.co.jp

ISBN　978-4-315-52899-2
カバー、表紙画像：metamorworks/stock.adobe.com